紧邻地铁建筑基坑冻融灾害力学特性研究

苏艳军　芮勇勤　孙振华　陈　晨　编著

U0395362

东北大学出版社

·沈阳·

ⓒ 苏艳军　芮勇勤　孙振华　陈　晨　2024

图书在版编目（CIP）数据

紧邻地铁建筑基坑冻融灾害力学特性研究／苏艳军
等编著. — 沈阳：东北大学出版社，2024.6
　　ISBN 978-7-5517-3525-4

Ⅰ.①紧… Ⅱ.①苏… Ⅲ.①地下铁道建筑物－冻土
地基－基坑工程－冻融作用－研究 Ⅳ.①TU921

中国国家版本馆 CIP 数据核字（2024）第 092047 号

内容简介

本书主要借鉴借鉴国内外最新冻融动态响应相似模型实验方法，以及初级防冻融保温防护技术的基础上，进行季节冻土基坑冻融灾害研究现状、冻土物理力学性质与基坑冻土挡墙设计、紧邻地铁商贸基坑岩土工程综合勘察、建筑基坑岩土工程综合勘察，开展基坑桩锚支护工程综合施工设计、紧邻地铁基坑桩锚支护施工设计，评估紧邻地铁基坑施工安全性影响。深入分析融蚀响应基坑桩间砂土渗透漏失、紧邻地铁基坑流固冻融耦合力学特性、紧邻道路建筑物基坑流固冻融耦合分析，开展紧邻道路建筑物基坑冻融演化力学特性分析，进而开展温度—渗流—应力耦合分析，结合实际工程揭示验证基坑降温冻融过程的演化规律；开展的现场防冻融保温控制技术，合理选择安全、经济、可靠的覆盖保温措施推广应用至相似基坑工程实践。研究成果对填补行业相关关键技术空白，促进交通行业科技进步和满足工程实际需求具有理论意义与实际应用价值。

出 版 者：东北大学出版社
　　　　　地址：沈阳市和平区文化路三号巷 11 号
　　　　　邮编：110819
　　　　　电话：024-83683655（总编室）
　　　　　　　　024-83687331（营销部）
　　　　　网址：http://press.neu.edu.cn
印 刷 者：辽宁一诺广告印务有限公司
发 行 者：东北大学出版社
幅面尺寸：185 mm×260 mm
印 　张：14.75
字 　数：378 千字
出版时间：2024 年 6 月第 1 版　　　　印刷时间：2024 年 6 月第 1 次印刷
责任编辑：潘佳宁　　　　　　　　　　责任校对：郎　坤
封面设计：潘正一　　　　　　　　　　责任出版：初　著

ISBN 978-7-5517-3525-4　　　　　　　　　　　　　　定　价：88.00 元

前　言

中国北方季节性寒冷地区最冷月平均气温往往在−20~0 ℃，环境温度随季节波动，使得砂土地层的深基坑桩锚支护结构呈现冻胀、融沉、干缩等现象，出现基坑变形破坏、失稳坍塌、崩塌灾害等，给人民的生命财产及生产活动带来了严重威胁、危害。《紧邻地铁建筑基坑冻融灾害力学特性研究》一书，对此展开了相关研究。

（1）研究目的。深基坑桩锚支护结构往往需要越冬，冻融严重影响稳定性；北方地区普遍属于寒冷—严寒地区，冬季时间长、气温低、极端冻融，砂土地层的冻深一般在 1.2~3.6 m。开展紧邻地铁建筑基坑冻融灾害力学特性研究，以期深入解决基坑侧壁冻融导致支护体系安全性失效问题。

（2）研究技术路线。建立研究背景、目的意义，结合冻土的基本特点、成分组构特征、季节土中水冻结融化基本特征，开展季节土中水冻结融化演化过程分析，进行国内外冻融理论研究，建立基坑冻融力研究思路。研究冻土的形成、强度、热物理参数、冻结温度场，结合冻胀融沉，分析冻土挡墙荷载、嵌固深度等。提出基坑开挖与支护方案建议，基坑降水、抗浮设计建议。结合设计依据、工程水文地质条件、周边环境条件、基坑支护设计、地下水处理、降水井工程方案，建立基坑桩锚支护工程施工技术要求、基坑监测、质量检验和检测、越冬基坑土体冻胀和冻融与防治措施。建立监测安全控制标准及预报警管理，分析地铁保护监测数据曲线变化规律。砂性土渗透容易发生流动破坏，利用 CFD-DEM 流固耦合数值方法，开展数值模型及实验验证，进行数值模拟、渗流侵蚀破坏影响因素分析。在建立紧邻地铁基坑模型的基础上，开展 N-O 段基坑施工流固冻融耦合力学分析，P-Q 段基坑流固冻融耦合力学分析，A-B 段基坑流固冻融耦合力学分析，L-M、P-G 段基坑流固冻融耦合力学分析。在紧邻地铁基坑模型的基础上，开展紧邻地铁基坑施工抗浮、降雨抗浮、抗浮冻融、降雨抗浮冻融分析。

（3）研究意义。在借鉴国内外最新冻融动态响应相似模型实验方法，以及初级防冻融保温防护技术的基础上，进行季节冻土基坑冻融灾害研究现状、冻土物理力学性质与基坑冻土挡墙设计、紧邻地铁基坑桩锚支护施工设计分析，开展紧邻地铁基坑工程保护性施工监测，深入分析融蚀响应基坑桩间砂土渗透漏失、紧邻地铁基坑流固冻融耦合力学特性、紧邻道路建筑物基坑流固冻融耦合分析，开展紧邻道路建筑物基坑冻融演化力学特性分析，进而开展温度-渗流-应力耦合分析，结合实际工程揭示验证基坑降温冻融过程的演化规律；开展的现场防冻融保温控制技术工程实践，合理选择安全、经

1

济、可靠的覆盖保温措施推广应用至相似基坑。

（4）内容编排。《紧邻地铁建筑基坑冻融灾害力学特性研究》共 10 章。

第 1 章季节冻土基坑冻融灾害研究现状。介绍研究背景、研究目的意义，结合冻土的基本特点、主要成分组构、季节土中水冻结基本特征，开展季节土中水冻胀融化演化过程分析，进行国内外冻融理论研究，建立基坑冻融力研究思路。第 2 章冻土物理力学性质与冻土基坑支护结构设计。研究冻土的形成、冻土强度、热物理参数、冻结温度场，结合冻胀融沉，分析冻土挡墙荷载、嵌固深度等参数。第 3 章紧邻地铁基坑勘察和设计。结合工程勘察目的任务及技术要求、场地工程水文地质条件，开展场地岩土工程分析及评价，提出基坑开挖与支护方案、基坑降水、抗浮设计建议。结合紧邻地铁基坑桩锚支护施工设计、建立拟建工程与既有地铁位置关系。第 4 章基坑开挖支护工程监测。进行紧邻地铁基坑工程保护性施工监测。开展监测范围及监测断面布设，建立监测安全控制标准及预报警管理，分析地铁保护监测数据曲线变化规律。第 5 章融蚀响应基坑桩间砂土渗透漏失分析。通过渗透破坏研究现状、CFD-DEM 流固耦合数值方法分析，开展 CFD-DEM 数值模型及实验验证，进行数值模拟结果分析、渗流侵蚀破坏影响因素分析。第 6 章紧邻地铁基坑流固冻融耦合力学特性。在建立紧邻地铁基坑模型的基础上，开展紧邻地铁 N-O 段基坑施工流固耦合、流固冻融耦合力学分析与紧邻地铁 P-Q 段基坑施工流固耦合、流固冻融耦合力学分析。第 7 章紧邻道路基坑流固冻融耦合力学特性。在建立紧邻道路基坑模型的基础上，开展紧邻道路 A-B 段基坑施工流固耦合、流固冻融耦合力学分析。第 8 章紧邻民居基坑流固冻融耦合力学特性。开展紧邻民居 L-M 段基坑施工流固耦合、流固冻融耦合力学分析。第 9 章紧邻酒店基坑流固冻融耦合力学特性。建立模型，开展紧邻酒店 P-G 段基坑施工流固耦合、流固冻融耦合力学分析。第 10 章紧邻地铁基坑抗浮冻融演化力学特性。在紧邻地铁基坑模型的基础上，开展紧邻地铁基坑施工抗浮、降雨抗浮、抗浮冻融、降雨抗浮冻融分析。

参加本书编写的还有辽宁省交通规划设计院有限责任公司付春辉（第 1 章），沈阳城市建设学院袁小玲高级工程师（第 2 章），中国建筑东北设计研究院有限公司胡令洋高级工程师，贾文斌工程师（第 4 章），中国建筑第六工程局有限公司 王晓东高级工程师（第 3 章），劳占才高级工程师（第 5 章）等人。全书由苏艳军、芮勇勤、孙振华、陈晨统稿并参与各章编著工作。本书的参编单位有：中国建筑东北设计研究院有限公司、东北大学、辽宁省交通规划设计院有限责任公司、沈阳城市建设学院、中国建筑第六工程局有限公司。

希望本书在高层建筑群深基坑工程设计、施工和管理等方面，能给予广大读者启迪和帮助。

由于笔者水平有限，加之时间仓促，书中难免有疏漏和错误，恳请读者不吝赐教。

编著者

2023 年 8 月 18 日

目　录

第1章　季节冻土基坑冻融灾害研究现状

中国北方季节性寒冷地区最冷月平均气温往往在−20~0 ℃。环境温度随季节的波动,使得砂土地层的深基坑桩锚支护结构出现冻融、融沉、干缩等现象,导致基坑变形破坏、失稳坍塌、崩塌滑坡等,给人民的生命财产及生活生产带来了严重威胁、危害。例如,东北地区城镇特别是大城市普遍都属于寒冷—严寒地区,表现为冬季时间长、气温低、极端冻融,砂土地层的冻深一般在 1.2~3.6 m。城市大型建(构)筑工程,如建筑深基坑、公路铁路地下车站基坑、水利工程基坑基础结构等往往需要越冬施工,冻融严重影响工程安全性。本书开展深基坑桩锚支护结构冻融动态响应及其安全性控制研究,可为大型建(构)筑工程安全越冬,保护工程施工质量奠定基础,深入解决基坑侧壁冻融导致支护体系安全性失效等问题。

1.1 研究背景

冻土是一种长期处于负温的含冰土岩。根据冻结持续时间的长短,冻土主要可以划分为多年冻土、季节冻土和瞬时冻土。我国是世界第三冻土大国,其中多年冻土分布面积占我国疆土面积的 21.5%,季节冻土分布面积占疆土面积的 53.5%。

随着城市地下工程的发展,基坑工程的开挖深度逐渐增大且平面形状多变,导致基坑工程的施工难度增大,从而使得施工时间变长,因此位于季节性冻土区的基坑有可能会出现越冬的情况。在季节性冻土区越冬期间,浅层地表冻土中的液态水会发生冰水相变导致土体体积膨胀,同时也会引发土体中未冻水的迁移、聚集,不断冻结成为冰晶、冰层、冰透镜体等冰侵入体,从而引起土颗粒间的相对位移,土体出现大幅隆胀,进而引发建筑发生冻害。到了春季,随着气温的逐渐升高,冻土发生融化,导致冻土中的冻融力变小,使得支护结构强度在短时间内骤减,引起基坑出现局部破坏。基坑支护一般为临时性工程,在设计中往往很少考虑冻融的影响,因此造成越冬基坑工程事故频发。季节性冻土区已开挖基坑在冻融作用下出现的各种稳定性问题日趋严重(见图 1.1 和图1.2),并由此造成了巨大的经济损失。

（a）渗水结冰冻融引起侧壁变形开裂

（b）结冰冻融锚杆（索）断裂发生与楼板崩塌

图1.1　桩锚基坑冻融破坏图

（a）桩锚基坑冻融锚杆（索）发生断裂与涌砂

（b）地面路面破坏坍塌

图1.2　桩锚基坑冻融涌砂与地面路面破坏坍塌图

通过多年的研究，人们逐渐认识到在土中冰体的形成和发育过程中，水分迁移产生了冻融，而土体自身的性质(土的密度、颗粒、水分以及外界的环境因素)是水分迁移作用强弱的重要影响因素，其中一项发生变化则可能消减甚至不产生土体冻融。另外，土体温度场的改变也是冻融产生的重要因素，正常短期的环境温度变化不会显著影响土体中的温度，其产生的冻土效应也基本可以忽略，而长期季节性的改变却可使土中温度场发生可观的变化，尤其是土体中发生的冻融循环作用对在建基坑工程会造成巨大的影响。上述分析表明，基坑工程冻融，围护结构因冻融力而使土压力增大，因此支护结构的刚度需要大幅度加强。而当冻土融化时，不仅土的含水量大增，而且土粒结构也受扰动，同样使土压力增大。如果基坑需经历两个甚至更多的冬期，则其不利的循环冻融变形作用将愈加明显，将大大增加对整个支护体系的考验。

基坑桩锚支护结构因受力性能良好、经济性突出，是目前尤其是东北季节性冻土区广泛使用的支护结构形式。但季节性冻土区冻融力学的理论研究较于工程实践相对落后，这也是季节性冻土区易发生基坑工程事故的主要原因。影响冻融力大小和分布的因素较多，在目前规范和标准中，还没有具体考虑冻融力的设计计算分析方法，设计人员对于季节性冻土区考虑冻融的计算带有很大的盲目性，也导致冻融后的基坑存在极大隐患。国内外很多学者对基坑冻融变形规律进行了现场实测研究，提出了尽量采用柔性支护结构、采用卸压孔、对冻深范围内粉质黏土进行改良等一系列的保护措施。但如何在设计初期考虑冻融力的影响，确定一套满足工程需要的计算理论以便进行经济上的对比，并为工程设计提供科学依据是理论研究亟待解决的重要问题。只有对冻融和冻融的发生、发展有了清晰的了解，才能在工程实践中更好地防灾减灾，更好地为经济与社会的可持续发展助一臂之力。

1.2　研究目的意义

近年来，北京地区冬季平均温度保持在-7～-2 ℃，低温持续的时间较长，已经有多起由于冻融破坏而引发基坑支护结构发生冻害的事故发生：2002 年冬季，朝阳区某住宅楼基坑在施工过程中由于温度骤降，混凝土面层与边坡土层冻在一起，形成冻土墙；2003 年春季，温度回升使得冻土发生融化，土体的强度降低，导致土钉墙整体失稳。2010 年冬季，海淀区某基坑由于冻融，土钉墙面层发生胀裂破坏，如图 1.3(a)所示。2011 年冬季，朝阳区常营项目基坑坑顶由于冻融，坑顶开裂，如图 1.3(b)所示。2012 年冬季，北京某基坑由于冻融作用，护坡桩发生水平位移，且部分预应力锚杆发生失稳破坏，基坑坡顶产生明显裂缝。综合以上案例，在基坑支护过程中，若忽略冻融效应对越冬基坑的影响，则极易引起支护体系失效，因此冻融效应不容忽视。

目前，国内外的研究人员根据土体冻融作用力与建筑结构物之间的作用方向的不同把冻融力主要划分为切向冻融力、法向冻融力和水平冻融力。其中，水平冻融力是造成冻害的主要原因，且对于具有冻融敏感性的土(如粉土、黏土和粉质黏土)，发生冻融时所产生的水平冻融力远大于融土时期的静止土压力。《建筑基坑支护技术规程》中虽明确了在计算土应力时应考虑冻融的影响，但没有给出计算基坑支护结构水平冻融力的标准，《冻土地区建筑地基基础设计规范》仅提出了挡墙结构的水平冻融力计算方法，尚未针对基坑支护结构给出相应的水平冻融力计算公式。

（a）基坑土钉墙面板冻融破坏

（b）基坑顶部开裂

图1.3 北京地区冻融破坏图

综上所述，对各项具体工程事故的分析表明，应当重视冻融效应尤其是水平冻融力对越冬基坑的影响。因此，针对基坑研究不同条件下水平冻融的演化规律，并且提出切实可行的防冻融措施尤为重要。研究通过结合理论分析、现场试验以及数值计算三种研究方法，分析水分水平迁移及水平冻融的变化规律，结合现场试验和仿真计算进行分析对比，最后提出有效的防冻融措施，为季节性冻土区的基坑工程支挡结构设计和施工提供理论支持。

冻土的特性除了受物理化学力学性质影响外，还与含冰量密切相关，含冰量与温度往往成正相关。冻土既具有温度敏感性，又具有不稳定的性质。在冻结状态下，冻土常常表现为相对动态和较高强度，在涉及冻土的深基坑工程中必须考虑这些重要的特征。

1.3　冻土的基本特点

冻土一般为温度低于 0 ℃的岩土，其广泛分布于地球表层的低温地质体，冻土的存在与演变对人类的工程活动和可持续发展具有重要的影响作用。常规土类土性基本稳定，多表现为静态特征。冻土是特殊土类，特殊的物理化学力学性质与温度有很大关系。

中国地处亚欧大陆的东南部，幅员辽阔，地势西高东低，地形复杂，中国的冻土具有类型多、分布面积广的特点。

冻土根据温度和含冰量情况，一般将土划分为以下五类：

① 未冻土(或融土)：不含冰晶且土温高于 0 ℃的土。

② 寒土：不含冰晶且土温低于 0 ℃的土(含水量小或水溶液浓度较高)。

③ 已冻土：含冰晶且土温低于 0 ℃的土。

④ 正冻土：处于温度低于 0 ℃降温过程中且有冰晶形成及生长(有相界面移动)的土。

⑤ 正融土：处于温度低于 0 ℃升温过程中且冰晶逐渐减小(有冻融界面移动)的土。

根据冻土存在时间长短，可以将冻土分为多年冻土、季节冻土和瞬时冻土。

① 多年冻土主要分布在北温、中温带的山区，分布面积约占全球陆地面积的 23%，主要分布于俄罗斯、加拿大、美国的阿拉斯加等高纬度地区。

② 季节冻土主要分布在中温、南温及北亚热带的山区。

③ 瞬时冻土主要分布在亚热、北热带的山区。

多年冻土为冻结土状态持续 3 年以上，在表层数米范围内的土层处于冬冻夏融状态，为季节融化层或季节冻结层。地理学将多年冻土区按其连续性分为连续多年冻土区和不连续多年冻土区。图 1.4 中展示了位于加拿大北部与西北部地区连续多年、不连续多年冻土区分界处多年冻土的典型垂直分布和厚度。不连续多年冻土区的多年冻土呈分散的岛状分布，其分布面积从数平方米到数公顷不等，其厚度分布从南界的数厘米到与连续多年冻土接壤边界的超过 100 m 不等。这些区域按年平均地温实测值为−5 ℃等温线进行划分。

各类冻土划分的基本依据见表 1.1。其中，季节冻结(季节融化)为土持续冻结(融化)时间大于或等于 1 个月，不连续冻结持续冻结时间小于 1 个月。

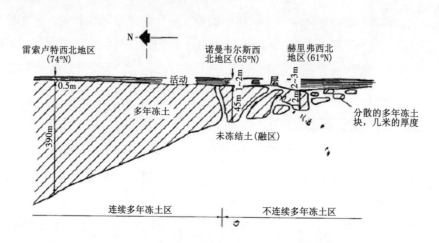

（a）冻土厚度分布

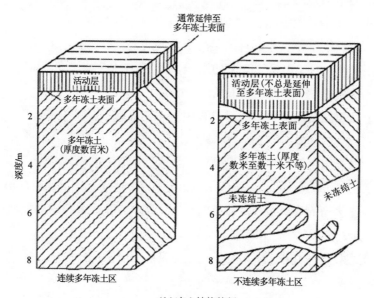

（b）冻土结构特征

图 1.4 加拿大多年冻土典型分布图

表 1.1 冻土划分的基本依据

冻土类型	区划前提	区划指标 （年平均气温）/℃	冻土保存时间/月	冻融特征
瞬时冻土	极端最低地面温度≤0 ℃	18.5～22.0	<1	夜间冻结、不连续冻结
季节冻土	最低月平均地面温度≤0 ℃	8.0～14.0	≥1	季节冻结、不连续冻结
多年冻土	年平均地面温度≤0 ℃	大片连续的：−2.4～5.0 不连续的：−2.0～−0.8	≥24	季节融化

表 1.2 列举了 1∶400 万比例尺的中国冰、雪、冻土分布图统计得到的冻土总面积及占比。不同类型冻土所覆盖的面积约占中国国土总面积 98.8%，其中对工程建设影响较

大的多年冻土和季节冻土的面积总和约占中国国土总面积的 75%，季节冻土占 53.5%；中国的多年冻土面积占世界多年冻土面积的 10%，是继俄罗斯与加拿大之后世界多年冻土分布面积第三大国，其中处于中低纬度、有世界第三极之称的青藏高原为我国独有。

表 1.2　中国冻土分布面积

冻土类型	分布面积/($\times 10^3\ km^2$)	占全国总面积的百分数/%
瞬时冻土	2291	23.8
季节冻土	5137	53.5
多年冻土	2068	21.5

1.4　冻土主要成分组构特征

一般土多是非饱和复杂四相系的多相体，固相物质组成土的基本骨架——土的基质。用质量和体积的关系表示非饱和未冻结土和冻结土的组成，如图 1.5 所示。

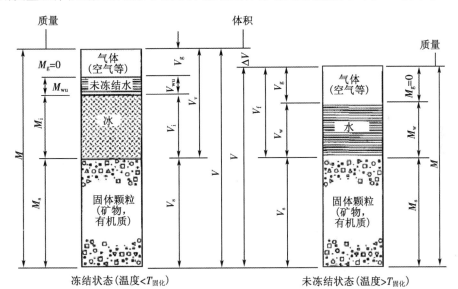

图 1.5　非饱和土冻结、未冻结土质量-体积关系图

图 1.5 所示非饱和未冻土中未冻水含量 W_u 和相对冰含量 W_i 为：

$$\left.\begin{aligned} W_u &= \frac{M_{wu}}{M_s}, \\ W_i &= \frac{M_i}{M_i + M_{wu}} \\ (1-W_i) &= W_u \end{aligned}\right\} \tag{1.1}$$

式中：W_u——未冻水含量；

    M_{wu}——未冻水质量；

    M_s——土颗粒质量；

    W_i——相对冰含量；

    M_i——相对冰质量。

冻土按团聚状态属于坚硬固体，包含了多种物理–化学和力学性质的多相体组分，多相体组分可处于坚硬态、塑性状态、液态、水汽和气态的相态。冻土中的多相体组分都处于物理、化学、力学作用的相互制约中，从而产生了物理–力学性质并制约着冻土在外荷载作用时的行为。因此，在冻土的工程应用中必须将其作为一种复杂的多相系统，主要包括以下 5 种组分：固体矿物颗粒、动植物成因的生物包裹体、自由水与结合水和水中溶解的酸碱盐、理想塑性冰包裹体（形成冻结土颗粒的胶结冰和冰夹层）、气态成分（水汽、空气）。

1.5　季节土中水冻结基本特征

一般情况下，低温水分子的自由能减小且趋于有序排列，结冰即液态的水中出现冰体，从而产生界面能。若克服界面能，液态水就能发生结冰。吉布斯成核理论揭示了这一现象：在 0 ℃以下的液态水中，通过某些细小微粒克服新相界面能，使得液态水分子变相形成固态的冰。即当一滴水结成冰时，通常在一个微小冰核颗粒上形成冰晶，而后冰晶再向水滴其他部分扩散，一旦形成冰核，其他水分子就快速结冰。土中水分子的冻结温度由于水与矿物颗粒、生物颗粒、冰晶体、溶解盐电分子相互作用下降而降低。根据著名的列别捷夫(1919)(А.Ф.Лебедев)分类法，土中水可分为自由水、结合水，其中结合水又按照距土颗粒的远近以及受电场作用力大小的不同分为强、弱结合水（如图 1.6 所示）。

图 1.7 为负温条件(0 ℃下)下非饱和土冻结过程中冰晶形成过程，非饱和土在负温条件下，随着温度逐渐降低，未冻水膜厚度逐渐变薄，部分孔隙水由于温度逐渐下降而逐渐变相形成孔隙冰。

进一步研究发现，可以将土中水(包括正冻水和冻结水)按照它们的能级关系以及在土中的配置地位进行精准分类。例如切韦列夫(1991)(В.Г.Чеверев)按其性质划分出 6 种类型联结形式，并根据不同土颗粒配置关系的能量联结划分出 19 种土壤水。能级关系制约着冻土中的相变强度，最终决定了冻土的强度和变形。

强结合水包括化学、物理–化学结合水。强结合水由单个的水分子构成，与矿物颗粒表面具有最高的结合程度，表面能约(90~300) kJ/kg，其冰点小于−78 ℃。无论是在矿物颗粒的外表面上还是在冰晶体上，吸附水膜和渗透水膜的相互作用能量都比较小，水膜厚度约为 1~8 nm。

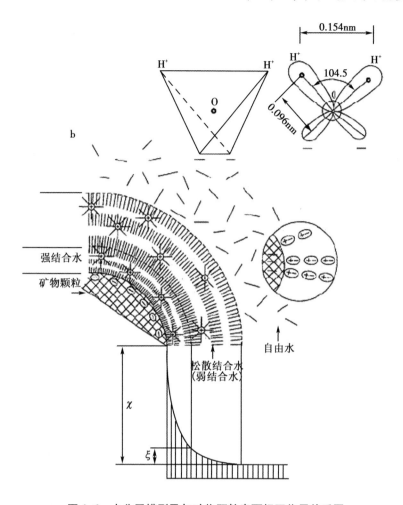

图 1.6　水分子模型及与矿物颗粒表面相互作用关系图

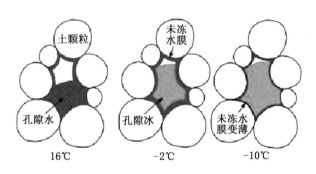

图 1.7　冻结过程中孔隙冰形成过程图

　　X 衍射分析发现在低达 -12 ℃温度下，冰中仍有类似液体水膜存在，-3 ℃时仍有渗透水膜存在。温度降至 -3 ℃时，毛细-结合水仍然存在。多孔毛细水和游离在矿物骨架和冰之间的水可归为弱结合水。杨（E.Юнг）通过实验揭示了未冻水与温度关系，并制定了测定未冻水的方法。通过实验可知，自由水在土处于起始冻结温度时相变成冰，随着温度的持续下降，弱结合水和部分强结合水逐渐冻结。

1.6 季节土中水冻结融化演化过程

土中水在负温条件(0 ℃下)下具有温度降低冻结，温度升高融化的性质。因此，起始冻结温度 θ_{bf}，以及最终融化温度 θ_{th} 是土的基本物理指标之一。一方面土中水受到土颗粒表面能的作用，另一方面含有一定量的溶质成分的土中水可以影响冰点。所以，土中水冻结温度都低于纯水冰点，其与纯水冰点差值定义为冰点降低。图1.8 展示了土中水类型及冻结顺序。由于土中水受到土颗粒表面能的作用，当土的温度低于重力水的冻结温度，土中水开始冻结，冻结的顺序为重力水→毛管水→薄膜水（弱结合水）→吸湿水（吸着水或称强结合水）。土中部分水由液态变相成固态这一结晶过程大致要经历三个阶段：

① 第Ⅰ阶段：先形成非常小的分子集团，称为结晶中心或称生长点(germs)。

② 第Ⅱ阶段：再由这种分子集团生长变成稍大一些的团粒，称为晶核(nuclei)。

③ 第Ⅲ阶段：最后由这些小团粒结合或生长，产生冰晶(ice crystal)。

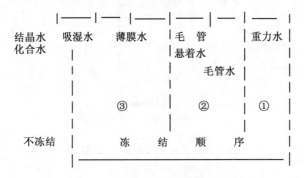

图1.8 土中水类型及冻结顺序图

冰晶生长的温度称为水的冻结温度或冰点。结晶中心是在比冰点更低的温度下才能形成，所以土中水冻结的过程一般须经历过冷、跳跃、稳定和递降四个阶段。

图1.9 展示了土冷却—冻结—融化过程中土温 θ 与时间 t 的关系曲线。大致包含以下7个阶段：

① 第Ⅰ阶段(过冷阶段)：当土体处于负温状态时，土体受环境温度的影响，土温开始下降但无冰晶析出，一般过冷曲线段是相对于温度轴的凹形曲线(翘曲)。土温逐渐下降至过冷温度 θ_c，这个温度决定于正冻土中的热量平衡，其值达到最小值时，孔隙水中将形成第一批结晶中心。

② 第Ⅱ阶段(跳跃阶段)：土中水形成冰晶晶芽和冰晶生长时，立即释放结晶潜热，使土温骤然升高。

③ 第Ⅲ阶段(稳定阶段)：温度跳跃之后进入相对稳定状态，在此期间土中比较多的

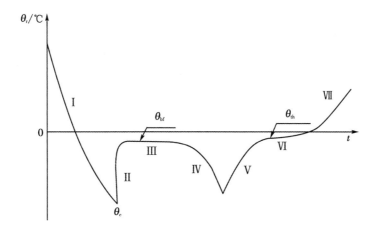

图 1.9　土冷却—冻结—融化过程土温 θ 与时间 t 关系图

自由水发生结晶,土中水部分相变成冰,水膜厚度减薄,土颗粒对水分子的束缚能增大,水溶液中离子浓度增高。此最高温度称作土体水分起始冻结温度 θ_{bf}。起始冻结温度与 1 标准大气压下纯水冰点 0 ℃的差值称为冰点降低。冻结温度与周围介质的温度关系不大,对于某一种土而言可以认为是个常数,它是土物理性质的最重要指标,可以均衡地反映土体水分与所有其他成分之间的内部联结作用。

④ 第Ⅳ阶段(递降阶段):土温继续按非线性规律下降以相对于时间轴的凸起曲线变化,随着此阶段弱结合水冻结,成冰作用析出的潜热逐渐减小。而且此阶段终结时土中仅剩下强结合水,土温更快地下降达到周围环境温度。

⑤ 第Ⅴ、Ⅵ阶段(融化阶段):当外界温度上升时,土中温度变化过程几乎是平滑曲线(第Ⅴ阶段)。温度上升时温度曲线的非线性变化说明土尚未开始融化时潜热已被耗散。最终融化温度 θ_{th}(第Ⅵ阶段)要比起始冻结温度 θ_{bf} 高一些,对土而言该温度同样可作为恒定指标。这两个阶段中随着温度的升高,冻土中液态水含量逐渐增高。

⑥ 第Ⅶ阶段(融后阶段):土中冰晶全部融完后,土温逐渐与环境温度达到平衡。从融化阶段向融后阶段过渡时,可看出曲线明显的曲率变化。

1.7　国外冻融理论研究

由于早期的冻融研究理论实验并未在开放的环境中进行,故而普遍认为土中的水原位冻结体积增大导致了冻融现象的发生。而这也是绝大多数科学家统一的认识。但后期从发生了较大变形量的冻融情况来看,单纯的水冻结成冰导致土体体积上的膨胀产生的冻融量极其有限,由此水分迁移冻融的研究才开始被人们所重视。水分迁移是地层中的水向冻土层迁移,增加的水分冻结导致了土体的体积增大而发生的破坏现象。1916 年,美国科学家 Taber 等通过实地的观察和实验并结合理论研究突破了早期对冻融机制的理解，阐明了冻融与水分迁移的关系，通过实验说明水以某种方式被吸入到了土试样中，而试样中增加的这部分水继而转化成了冰导致了体积增大，由此产生了冻融。同时，为研究冻融量是否完全由水的原位冻结产生，Taber 在实验中采用了冻结后体积收缩的苯，但通过实验观察到了同样的冻融现象。因此，对冻融是因为土中原有的水转变为冰而导致体积增大这一传统的看法提出了挑战。Taber 提出水分迁移是由于土中较大孔隙中形成的冰晶体在结晶力作用下，从没结冰的小孔隙吸取水分使孔隙冰晶不断增大最终形成了冻融现象。

之后的一些研究表明：冻融的代表性理论的提出，使得冻融的研究上升到了理论和实验相互验证的新的层面。由于产生冻融与土的性质、环境温度和水分补给情况以及外部荷载等诸多因素有关，理论上解释比较困难。因此，对于水分迁移的研究目前比较认可的两种理论分别为毛细理论即第一冻融理论和冻结缘理论即第二冻融理论。第一冻融理论在 20 世纪 60 年代由 Everett 提出（见图 1.10 和图 1.11），Everett 认为毛细管吸力导致了水分迁移，并根据毛细理论定量计算和解释了冻融力以及冻融现象，证明了毛细管下方界面晶体的生长与冰接触面积的增加和水接触面积的减少有关。对于土体来说，当毛细力大于覆盖层施加在冻结面上的压力时，土体就会发生冻融破坏。该理论适用于多孔介质中溶液晶体生长过程并产生较大冻融力的解释。该冻融理论的提出在早期得到了广泛的认可并得以快速发展。

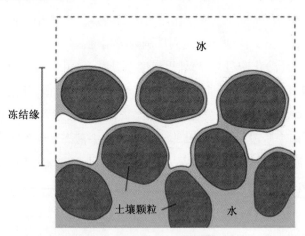

图 1.10　带冰冻边缘的冻土示意图

近年来学者们在进一步的实验研究中发现，第一冻融理论与实验值吻合程度不高，其定量计算的理论数值与实验值存在较大差异，毛细理论对于土中冰透镜体的形成问题无法给出解释。

Miller 于 20 世纪 70 年代首次将冻结缘引入到了冻融理论研究中，形成了第二冻融理论。研究认为在土壤冻结过程中，水从未冻区向冻结锋面迁移，产生了明显的冻融现

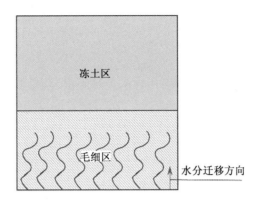

图 1.11　毛细理论(第一冻融理论)示意图

象,进而导致了隔离冰的形成。该理论将土体划分为了 3 个区域,分别为冻结区、冻结缘区和未冻结区,冻结缘区冰水共同存在(如图 1.12 所示)。

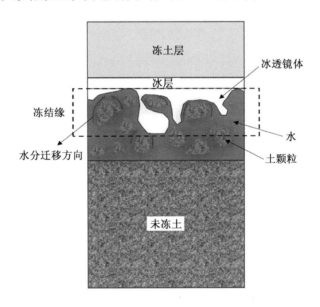

图 1.12　冻结缘理论(第二冻融理论)示意图

　　冻结缘是未冻土区和冻土层间的过渡区域,在冻结缘内存在着冰、未冻结水以及冰透镜体,冻结缘的温度为锋面的冻结温度过渡到冰透镜体暖端的温度,冻结缘的性质决定了水的迁移和冰分凝的形成和发展。Miller 认为冻土中冰水压力平衡等同于未冻土干燥过程的水汽压力平衡,饱和土在冻结过程中,土中孔隙的水分被冰代替,冰与水的交界面的毛细力阻止孔隙中的水变成冰,毛细孔隙的尺寸影响冻融的发展,其吸力方程定义为:

$$p_i - p_w = \frac{2\sigma_{iw}}{r_{iw}} \tag{1.2}$$

式中:p_i——冰压;

p_w——水压；

σ_{iw}——冰水界面张力；

r_{iw}——界面曲率半径。

非饱和土的水汽界面张力与曲率可用含水量的函数表示，则非饱和土冻结过程吸力方程为：

$$p_i - p_w = \kappa f(S_w) \tag{1.3}$$

式中：S_w——孔隙含水量；

κ——系数，与土壤的性质有关。

由克拉伯龙方程可得冰侵入孔隙的临界温度：

$$T_p = T_m \left(1 - \frac{2\sigma_{iw}}{p_w L r_p} \right) \tag{1.4}$$

式中：T_p——冰侵入时的临界温度；

T_m——重力水的冻结温度；

L——相变潜热；

r_p——孔隙的有效半径。

在模型中当外界温度小于冰侵入的临界温度 T_p 时，冰充满孔隙阻断了水分的迁移路径，冻融停止，产生了最大的冻融压力。前述的毛细理论存在着缺陷，不能预测土中的冰透镜体的形成，而且冻融速率的预测值也相对偏高。之后的学者在大量实验中证明了冻结缘的存在，因而基于冻结缘的第二冻融理论得到了学者广泛支持并逐渐得以完善。随着冻融模型应用于各种类型工程项目，要求冻结缘理论不断深入研究，目前的冻结缘理论在国内外仍然是土冻融研究的热门理论。

Harlan 在 20 世纪 70 年代建立了冻土中水热耦合迁移的数学模型，提出了 Harlan 方程，同时引入了水土特性曲线、未冻土含量和温度的冻结特性曲线使得方程得以封闭。Harlan 应用全隐有限差分进行离散后的计算，对冻结过程水的迁移进行了模拟。Harlan 等从物质能量守恒和热力学的基本理论出发，用数理方法描述了物质运动的动力和方向，从理论上解释了水分迁移引起的冻融现象，将其应用于冻土中热流耦合传递现象的分析，指出了冻结过程热量从温暖区域向寒冷区域移动，当冻结发生时，非冻土区的含水量向冻结锋面方向迁移。在影响迁移的因素中，土质和初始湿度条件是重要的因素。

在水热耦合迁移模型提出之后，英国 Holden 等进行了深入的研究，并得到了第二冻融理论的近似解以及冰透镜体形成的依据，建立了描述冻结缘、冰透镜体形成的数值方程。

$$\frac{\partial}{\partial x}\left[\rho_w K \frac{\partial \phi}{\partial x} \right] = \frac{\partial(\rho_1 \theta_u)}{\partial t} + \Delta S \tag{1.5}$$

$$\frac{\partial}{\partial x}\left[\lambda \frac{\partial T}{\partial x} \right] - c_1 \rho_1 \frac{\partial(\nu_x T)}{\partial x} = \frac{\partial(\overline{c_\rho} T)}{\partial t} \tag{1.6}$$

式中：K——导温系数；

$\qquad \rho_w$——水密度；

$\qquad \phi$——土水势；

$\qquad \theta_u$——水体积含量；

$\qquad \Delta S$——含水量变化率；

$\qquad \lambda$——导热系数；

$\qquad c_1$——水比热容；

$\qquad \nu_x$——水流速度；

$\qquad T$——温度；

$\qquad \overline{c_\rho}$——名义比热容。

O'Neill 和 Miller 在 20 世纪 80 年代提出了刚性冰模型，模型假定饱和土冻结中冰和土的骨架不可压缩为刚性体。冻结缘中的孔隙水原位冻结后与水分迁移逐渐形成的冰透镜体相连，冻融过程中，孔隙冰逐渐向已冻土层方向移动，从而认为土体的冻融速度应与刚性冰体向已冻区的推移速度是相等的。冻结缘的冰水和土颗粒关系如式（1.7）所示：

$$W(\varphi_{iw}) + I(\varphi_{iw}) + G = 1 \tag{1.7}$$

式中：$W(\varphi_{iw})$——未冻水体积，由实验确定；

$\qquad I(\varphi_{iw})$——冰体积；

$\qquad G$——土体颗粒体积。

φ_{iw} 与温度 T 的关系为：

$$\varphi_{iw} = (\gamma_i - 1) u_w - (\gamma_i H / 273) T \tag{1.8}$$

式中：H——相变潜热。

刚性冰模型通过土水特性曲线利用克拉伯龙方程得到了冰的含量与水压力和温度的关系方程式为：

$$I = I(A u_w + BT) \tag{1.9}$$

式中：A，B——已知的参数。

模型考虑了刚性冰移动的质量守恒方程为：

$$(\Delta\rho AI')\frac{\partial u_w}{\partial t} + (\Delta\rho BI')\frac{\partial T}{\partial t} - \frac{\partial}{\partial x}\left[\frac{k}{g}\left(\frac{\partial u_w}{\partial x} - \rho_w g\right)\right] + \rho_i V_1\left[AI'\frac{\partial u_w}{\partial x} + BI'\frac{\partial T}{\partial x}\right] = 0 \tag{1.10}$$

$$\Delta\rho = \rho_i - \rho_w \tag{1.11}$$

式中：ρ_w——水密度；

$\qquad \rho_i$——冰密度；

$\qquad k$——饱和导水率；

$\qquad V_1$——冰晶移动速度；

$\qquad T$——温度。

$$V_1 = \frac{1}{\gamma_i}\nu(x_w) + \frac{\Delta\rho}{\rho_i}\frac{\mathrm{d}}{\mathrm{d}t}\int_{x_b}^{x_w} I\mathrm{d}x \tag{1.12}$$

式中：x_b——冰透镜体与冷源的距离；

    x_w——试验土柱底端与冷源的距离。

O'Neill 认为当冷端的外荷载小于冻结缘内孔隙压力时，冻结缘边缘未冻水的负压导致新的分凝冰形成，对应位置将导致土骨架结构破坏，外荷载全部转移至由分凝冰承担。基于此模型定义了一个中性应力 σ_n，当外荷载中性应力承担所有外荷载时，新的透镜体形成。

$$\sigma_n = \chi p_w + (1-\chi)p_i \tag{1.13}$$

式中：χ——权重因子；

    p_w——水压力；

    p_i——冰压力。

20 世纪 80 年代 Konard 和 Morgenstern 提出了分凝势模型，把水分迁移通量与通过冻结缘的温度梯度的比值定义为分凝势，冰透镜处产生的负压和由于冻结缘低渗透性引起水流受阻是产生分凝势的原因。

$$SP = f(\dot{T}_f, P_u) \tag{1.14}$$

式中：SP——分凝势；

    $\dot{T}_f$——冻结缘的冷却速率；

    P_u——冻结缘上的吸力。

Shen Mu 于 1990 年提出了水热力耦合的简化模型，采用差分方法进行数值求解。土体内的水热守恒方程分别为：

$$\frac{\partial\theta_1}{\partial\tau} + \frac{\rho_i}{\rho_1}\frac{\partial\theta_i}{\partial\tau} = \frac{\partial}{\partial x}\left(k\frac{\partial P_1}{\partial x}\right) + \frac{\partial}{\partial z}\left(k\frac{\partial P_1}{\partial z}\right) \tag{1.15}$$

$$C\frac{\partial T}{\partial\tau} = \frac{\partial}{\partial x}\left(\lambda\frac{\partial T}{\partial x}\right) + \frac{\partial}{\partial z}\left(\lambda\frac{\partial T}{\partial z}\right) + L\rho_i\frac{\partial\theta_i}{\partial\tau} \tag{1.16}$$

式中：θ_1——水体积含量；

    θ_i——冰体积含量；

    L——相变潜热；

    λ——导热系数；

    k——导湿系数。

假设冰压力在冻结锋面和冷端压力分别为 0 和 P，未冻水压力方程为：

$$p_w = \frac{\rho_w}{\rho_i}p_i + L\rho_w\ln\frac{T_K}{273.15} \tag{1.17}$$

式中：p_w——未冻水压力；

p_i——冰压力；

T_K——热力学温度。

Shen Mu 根据能量守恒方程和未冻水压力方程构建了未冻水能量守恒方程。采用蠕变增量本构模型模拟冻土材料的本构关系：

$$\mathrm{d}\{\sigma\}=[D]\left(\mathrm{d}\{\varepsilon\}-\mathrm{d}\{\varepsilon^c\}-\mathrm{d}\{\varepsilon^v\}\right) \tag{1.18}$$

式中：$\mathrm{d}\{\sigma\}$——应力增量张量；

$\quad\quad D$——弹性系数张量；

$\quad\quad \mathrm{d}\{\varepsilon\}$——总应变增量张量；

$\quad\quad \mathrm{d}\{\varepsilon^c\}$——蠕变应变增量张量；

$\quad\quad \mathrm{d}\{\varepsilon^v\}$——相变应变增量张量。

1.8　国内冻融理论研究

我国在冻土的物理力学研究方面也取得了多项重大成果，推动了我国冻土理论和实践研究的发展。

1994 年徐学祖基于 Konrad 分凝势模型，进行了开放环境土在冻结过程中的水分迁移研究，得出了饱水正冻土中的水分迁移通量与冻土中的温度梯度成正比的结论。同时，对影响冻融过程中分凝冰形成的因素进行了研究，对冰分凝过程进行了理论上的假设。根据分凝势模型，由达西定律描述土中未冻水的运动可得到下式：

$$V=SP\mathrm{grad}T \tag{1.19}$$

$$\mathrm{grad}T=\frac{V}{SP}=\frac{K\mathrm{grad}\mu}{SP} \tag{1.20}$$

式中：V——水分迁移通量；

$\quad \mathrm{grad}T$——温度梯度；

$\quad \mathrm{grad}\mu$——未冻水势梯度；

$\quad\quad SP$——分凝势；

$\quad\quad K$——冻土的导湿系数。

在保持冷端温度不变的条件下，冻结锋面向暖端推动的速度逐渐降低，水分充分完成迁移过程，导致冻融量逐渐增大；另外，分凝冰形成导致冻土段温度梯度降低，随着冻结锋面移动速度减小，未冻水势梯度减小，使得分凝冻融量减小。因此，分凝的过程为分凝量先增后减的过程，直至分凝冻融完成。如果要保证分凝冻融持续进行，就需要调节土柱冷端的温度持续降低。开放系统单向冻结饱水正冻土中的分凝冻融过程取决于冷端的冷却速度。

胡坤对于开放环境土体冻融过程中冰分凝过程及变化规律进行了研究，在水热耦合冰分凝冻融模型基础上, 考虑了外部作用和土体位移对水热迁移的影响。将土颗粒以及分凝冰看作刚性的介质, 在外荷载作用下, 土骨架体积发生变化, 得到饱和土冻结过程的水热耦合控制方程为:

$$C_{\mathrm{v}} \frac{\partial t}{\partial \tau} = \frac{\partial}{\partial x}\left(\lambda - \frac{\partial t}{\partial x}\right) + L\alpha\rho_{\mathrm{i}} \frac{\partial p}{\partial \tau} - L\rho_{\mathrm{i}} \frac{\partial \theta_{\mathrm{u}}}{\partial \tau} \tag{1.21}$$

$$\rho_{\mathrm{w}} \frac{\partial}{\partial x}\left(k \frac{\partial P}{\partial x}\right) = (\rho_{\mathrm{w}} - \rho_{\mathrm{i}}) \frac{\partial \theta_{\mathrm{u}}}{\partial \tau} + \alpha\rho_{\mathrm{i}} \frac{\partial P}{\partial \tau} \tag{1.22}$$

式中:

基于该水热耦合控制方程和分凝冰的形成准则, 建立了考虑外荷载、临界压力和土体孔隙变形的饱和土一维冻融理论模型。

曹宏章等应用有限差分离散方程组, 在刚性冰模型基础上, 进行了开放环境的一维饱和土冻结过程的数值模拟, 提出了冻结缘内相关参数的分布规律, 认为分凝冰的产生与外荷载作用和分凝冰所承担的压力关系有关。

李萍、徐学祖等在饱和粉质黏土冻融试验过程中通过反演得到了分凝冰的厚度, 以及冻结缘导湿参数的变化规律, 得到了分凝速率随冻结时间成幂函数减小而冻结缘导湿系数随时间成指数减小的规律。

1.9 基坑冻融力研究启示与思路

1.9.1 研究启示

通过上述对国内外研究现状的分析可以发现, 研究人员针对寒冷地区出现的工程冻害做了大量的实验和理论分析, 对水平冻融力是引起冻害的主要原因有了一定的认识, 并且掌握了某些结构物如挡土墙等的水平冻融力的分布规律, 但还存在以下几个方面的不足。

① 针对不考虑重力势作用的水平方向上的水分迁移的研究成果较少。目前, 学者们已经意识到水分迁移会影响土的冻融特性, 且在该方面也取得了大量的成果。但是对于土体冻结过程中的水分迁移研究多集中于竖直方向的水分迁移变化, 少有针对水平方向上的水分迁移的研究。因此有待进行该方面的实验, 以确定水平水分迁移的驱动力以及水平水分迁移对土体的冻融过程所产生的影响。

② 水平冻融机理尚未明确且各因素对水平冻融力的影响没有定量化。目前, 学者们针对冻融机理进行了大量的研究并提出了有效的冻融模型, 但这些模型均有基本假定的限制, 与实际工程有一定的差异, 且尚未明确现有的冻融机理对水平冻融是否适用, 仍需经过系统的室内外实验对水平冻融机理加以完善。同时土性、温度、初始含水率、上

覆荷载、支护方式、支护结构刚度和水分补给条件等的不同都会对水平冻融力造成影响，但各影响因素对水平冻融力贡献程度并不明确，需要进行定量化分析。

③ 基坑工程支挡结构物的水平冻融力形成机理需进一步研究。目前，在实际工程中对于水平冻融力的研究多集中于挡土墙这一类结构。对于基坑工程而言，由于基坑是双向散热的，因此作用于基坑支护结构的水平冻融力的形成和分布模式等都与挡土墙结构不同。但现在针对越冬基坑水平冻融力的研究尚少，不足以解决实际工程问题。

④ 基于水-热-力三场耦合理论的基坑支挡结构水平冻融变形研究较少。目前，针对基坑支挡结构所建立的理论冻融模型的研究案例较少，且现有的相关研究多采用水-热耦合理论模型和热-力耦合理论模型，因此有必要结合实际工程条件建立水-热-力三场耦合模型，以明确基坑工程水平冻融机理。

1.9.2　研究基本思路

针对上述存在的问题，基于某越冬基坑开展以下方面研究：

① 双向冻结过程越冬基坑冻融特性研究。结合某越冬基坑现场实验，分析不同支护结构体系在补水条件和不补水条件下，双向冻结过程中的水分迁移特征，并对比支挡结构侧壁的地温、基坑变形和侧向土压力的演化规律，研究越冬基坑填土体的冻融特性。

② 不同支护结构体系的冻融力发展规律研究。根据现有的冻融机理研究成果，结合现场实验对桩锚支护结构和土钉支护结构进行内力和位移的监测，分析在补水条件和不补水条件下，不同支护结构体系的内力、桩顶沉降及桩顶水平位移等指标的变化规律。

③ 季节性冻土区支护体系防冻融措施有效性研究。分析季节性冻土区越冬基坑的水分场、温度场和应力场的特点，考虑土体冻结过程中的水分迁移作用以及冻土冰水相变对三场的影响，建立更加符合实际工况的水-热-力三场耦合的理论数值模型；测定现场土样的基本物理力学指标和热力学指标，得到模型参数；利用商贸有限元软件 Comsol Multiphysics 等进行二次开发，基于三场耦合模型建立支挡结构模型，将模型计算结果与实测结果进行对比分析。

④ 针对越冬基坑的冻融变形规律，分析不同防水平冻融措施的效果，提出有效的防水平冻融措施。

本书主要通过室内特性实验、现场实验、理论推导和数值计算四种方法进行研究。

（1）室内冻土特性实验

取现场土样，对土样进行基本物理力学指标测定实验和热力学指标测定实验，需要进行的基础实验有：液塑限实验、三轴压缩实验、土体渗透实验、冻土导热系数实验和冻土比容实验，以确定土样的液塑限、内摩擦角、黏聚力、渗透系数、导热系数和比热容，为后续建立冻融模型提供相关的参数。

（2）现场调查和现场实验

通过对越冬基坑所处地区进行气象以及水文调查，得到工程的背景资料，针对工程的特点，在现场布设温度传感器、水分计、应力应变计等监测仪器，得到基坑土体的温度场变化、水分迁移规律等数据；同时监测得到越冬基坑在桩锚支护和土钉支护两种不同的支护方式下，在补水条件和不补水条件下的桩顶水平位移、锚钉拉力、土钉应力等指标的变化规律。

（3）理论推导

通过查阅相关文献和资料，在 Harlan 水热耦合模型的理论基础上，将土体视为弹性体，考虑水分场、温度场和应力场在双向冻结过程中的相互影响，即双向冻结条件下基坑土体水分运动和热量迁移的基本规律，结合热力学、连续介质力学以及分凝势理论等基本理论，建立低温相变土体的水−热−力耦合控制方程。

（4）数值计算模拟

利用多物理场分析软件 Comsol Multiphysics 进行二次开发，基于理论推导得出的冻土水−热−力耦合的偏微分方程形式，根据越冬基坑工程的土质和水文概况以及工程条件，计算得到越冬基坑温度场变化规律、水分迁移情况以及冻融变形结果，并与现场实验所得到的数据进行对比分析，验证冻融预报模型的准确性。

通过数值模拟计算得到设置不同的防冻融措施时越冬基坑的冻融变形规律，以分析防冻融措施的效果。

研究主要以北方某地区的实验基坑为对象，通过现场实验分析在不同工况条件下的冻融特性和支护结构的变形以及受力情况；通过室内基础实验得到实验基坑填土体的物理力学参数；建立越冬基坑的冻融预报模型，提出有效防水平冻融措施。

1.9.3 基坑冻融响应与冻融研究存在的问题

通过对国内外研究现状的分析以及对季节性冻土区基坑工程考虑冻融作用设计方法的研究，目前基坑冻融响应与冻融研究方面尚存在如下问题：

① 季节性冻土区桩锚越冬基坑，桩身位移和锚杆轴力在冻融作用下的变化特点以及桩土协调变形规律目前鲜有研究。

② 季节性冻土区越冬基坑支护设计如何考虑冻融力施加尚无比较深入的研究和全面的分析，实际工程中难以加以考虑。

③ 季节性冻土区桩锚基坑支护工程在越冬结束后由于温度升高使原状土较冻前结构性产生了显著的弱化，而目前对冻融后土体参数的变化尚无定量分析方法。因此，如何对冻融后基坑的稳定性进行评价显得尤为重要。

④ 如何利用现场变形监测和室内模型实验结果，对季节性冻土区桩锚支护工程选用有效防冻融构造措施，解决实际工程中出现较大冻融力的问题。

第 2 章　冻土物理力学性质与冻土基坑结构设计

含水的土层或岩层，当温度降至结冰温度(一般为 0 ℃)或更低时，其中大部分水冻结成冰，胶结了固体颗粒或充填岩层的裂隙，这些被冻结了的土或岩石，统称冻土。本章开展冻土物理力学性质与理论设计相关内容研究。

2.1　冻土的形成

(1)冻土形成的影响

冻土形成的过程，实质上是土中水结冰并胶结固体颗粒的过程。土中水的冻结与普通净水的冻结有着一些不同的特点，诸如冻土中存在着未冻水、冻结后物理性质发生变化等。土颗粒表面带负电荷，当水和土粒接触时，就会在静电引力下发生极化作用，使靠近土粒表面的水分子失去自由活动的能力而整齐地、紧密地排列起来，如图 2.1 所示。

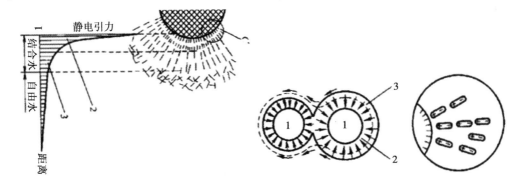

(a)土颗粒周围静电引力强度的变化　　(b)薄膜水由厚膜向薄膜移动　　(c)水分子的双极构造

图 2.1　土颗粒和水相互作用示意图

1—土粒；2—吸附水；3—薄膜水

距土粒表面越近，静电引力强度越大，对水分子的吸附力也越大，而形成一层密度很大的水膜，这部分水称为吸附水或强结合水。离土粒表面稍远，静电引力强度减小，水分子自由活动能力增大，这部分水叫薄膜水或弱结合水。再远则水分子主要受重力作用控制，形成所谓毛细水(一般归属于弱结合水的范围)。更远的水只受重力的控制，叫重力水(自由水),就是普通的液态水。黏土的颗粒小且成片状,其结合水的含量最多,而砂土次之,至于粗砂、砾石层或裂隙岩层则绝大部分为自由水,结合水可忽略不计。未冻水含量与温度、水的 pH 值、压力有关,如图 2.2 所示。

冻土中未冻水的存在对冻土的强度相热物理性质有着极大的影响。例如,在同样的负温和含水量情况下,冻结砂砾的强度就要比冻结黏土的强度高。这是由于砂砾中的水几乎全部冻结成冰,将土粒牢固地胶结在一起;而在黏土中则存在着相当数量的未冻水,土粒被冻结的程度差,所以强度就低。

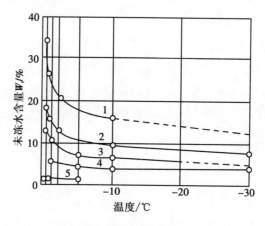

图 2.2 冻土中未冻水含量与温度的关系曲线
1—黏土;2—覆盖黏土;3—粉质黏土;4—粉质砂土;5—砂土

(2)冻土的形成过程

实验表明,土中水冻结过程曲线(土冻结对某一点的温度变化)如图 2.3 所示。

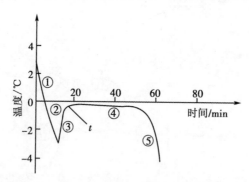

图 2.3 土中水冻结过程曲线

冻土的形成大致可分为五个阶段:

① 冷却段:向土层供给冷量后,在初期使土体(土粒、水和气)逐步降温以至达到水的冰点。

② 过冷段:土体降温至 0 ℃以下,但自由水仍不结冰,产生水的过冷现象。

③ 温度突变段:水过冷以后,只要一开始结冰晶,就有结冰潜热放出,温度迅速上

升。

④ 冻结段：温度升至 0 ℃或其附近后稳定下来，土体孔隙中的水便发生结冰过程，使土胶结为冻土。

⑤ 冻土继续冷却段：随着温度的降低，冻土强度逐渐增高。

在整个冻土形成过程中，水变成冰的冻结段是最重要的阶段，它是使土的物理力学性质发生质变的过程，也是消耗冷量最多的过程。

土层冻结时发生水分向冻结面转移的现象，即所谓水分迁移。如图 2.1(b)所示，由于土粒间彼此的距离很小，甚至互相接触，所以相邻两个土粒的薄膜水就汇合在一起，形成公共水化膜。在冻结过程中，增长着的冰晶不断地从紧邻的水化膜中夺走水分，造成水化膜变薄。而相邻的厚膜中的水分子又不断地向薄膜补充。这样，依次传递就形成了冻结时水向冻结面的迁移。由于分子引力的作用，变薄了的水膜也要不断地从自由水中吸取水分，这就使冻土的水分增大。水变成冰时体积要增大9%，当这种体积膨胀足以引起土颗粒间的相对位移时，就形成冻土的冻融，并随之产生极大的膨胀力。由于水分迁移，变成冰的那部分水量增大，土的冻融量也增大，水分迁移使冻土的冻融加剧。水分迁移和冻融与土性、水补给条件和冻结温度等有密切关系。在细粒土(特别是粉质黏土和粉质砂土)中的水分迁移最强烈，冻融最甚。黏土虽然颗粒很细，但是含水量小，其冻融性稍次于粉质黏土和砂土。砂、砾由于颗粒粗，冻结时一般不发生水分迁移。外部水分补给条件是影响水分迁移和冻融的重要因素之一。温度梯度越大，水分迁移和冻融越小。

2.2 冻土强度

冻土属于流变体。冻土强度(抗压强度和拉剪强度)是由冰和土颗粒胶结形成的黏结力和内摩擦力组成，与冻土的生成环境和过程、外载大小和特征、温度、土的含水率、含盐量、土性和土颗粒组成等因素有关。其中，影响冻土强度的主要因素有：冻结温度、土的含水率、土的颗粒组成、荷载作用时间和冻结速度等。

2.2.1 冻土的抗压强度

(1)温度对冻土强度的影响

实验表明，冻土强度随着冻结温度的降低增大。这是因为随着温度降低，冰的强度和胶结能力增大，冰与土颗粒骨架之间的联结加强，同时使土中原来的一部分未冻水逐步冻结，而增加土中含冰量。

当负温不大时，温度对强度的影响较明显，如图 2.4 所示。但是，随着负温的继续增加，强度的增长逐渐变慢，所以强度与温度的关系虽然密切，却不是线性的关系。前苏联学者根据研究结果建议用下列两个简单的经验公式之一来计算饱和砂的极限抗压强度：

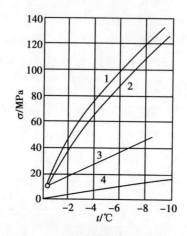

图 2.4　冻土强度与冻结温度的关系

1—冻结砂；2—冻结砂土；3—冻结黏土；4—冰

$$\sigma_b = -0.0153t^2 + 1.1t + 2 \tag{2.1}$$

$$\sigma_b = 0.8t + 2 \tag{2.2}$$

式中：σ_b——冻土的极限抗压强度，MPa；

t——冻土的温度，℃。

这两个公式的计算结果相差较大。当冻结温度在 $-12 \sim -8$ ℃时，相差约为 $12\% \sim 17\%$，作为工程估算还是可以的。苏联科学院认为：计算地面浅部土冻土的极限强度用式(2.1)为好。我国冻土力学学者吴紫汪等研究了两淮矿区各类土的冻土强度得出的成果为：

$$\sigma_b = c_1 + c_2 t \tag{2.3}$$

式中：c_1，c_2——实验系数，见表 2.1。

表 2.1　实验系数 c_1，c_2 取值

名　称	c_1	c_2	相关系数
	0.715	0.186	0.89
	0.882	0.274	0.95
	1.107	0.304	0.96
冻结黏土	1.627	0.216	0.90
	1.303	0.392	0.98
	2.215	0.402	0.97
	3.430	0.323	0.94

表2.1(续)

名　称		c_1	c_2	相关系数
冻结砂土、冻结砾石土	细砂、中砂	4.155	0.461	0.86
	含砾中砂、粗砂、砾砂	4.988	0.304	0.78
	中砂、细砂、砾砂	1.597	0.364	0.95

（2）含水率对冻土强度的影响

含在率是影响冻土强度的主要因素之一。若土中含水量未达到饱和，冻土强度随着含水率的增加而提高；但当含水量达到饱和，含水量继续增加时冻土强度反而会降低。当含水量比饱和含水率大很多时，冻土强度降低到和冰的强度差不多的情形。在未达到饱和含水率前，含水率 w 和冻土强度 σ 的关系如图2.5所示。冻土的瞬时和长时抗压强度与含水率的关系见表2.2。

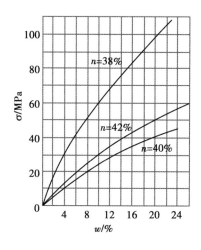

图 2.5　冻土强度与含水率的关系（ $-8\ ℃$ 砂土实验，n 为孔隙率）

表 2.2　冻土的瞬时和长时抗压强度与含水率和温度关系表

土壤名称	孔隙率	含水率	饱和度	抗压强度/MPa	
				荷载作用时间为 30 s 的强度	长时强度
中砂土	38%	10.0%	0.44	$11.2+17.1\sqrt{t}$	$3.3+9.7\sqrt{t}$
		16.7%	0.73	$21.9+21.5\sqrt{t}$	$5.3+13.2\sqrt{t}$
		22.5%	0.97	$37.6+21.6\sqrt{t}$	$13.0+14.4\sqrt{t}$
粉砂土	42%	8.3%	0.30	$5.1+2.26t$	$0.7+0.97t$
		15.0%	0.56	$8.6+3.67t$	$2+1.6t$
		23.0%	0.85	$11.5+5.2t$	$2.7+2.1t$
黏　土	46%	8.0%	0.27	$5.9+1.96t$	$1.4+0.84t$
		14.7%	0.49	$10.2+3.12t$	$2.8+1.14t$
		24.0%	0.80	$15.7+3.5t$	$9.3+1.47t$

（3）土的颗粒组成对冻土强度的影响

土颗粒成分和大小是影响冻土强度的一个重要因素，在其他条件相同时，土颗粒越粗，冻土强度越高，反之就低。这主要是由于不同的颗粒成分造成土中所含结合水的差异所引起的。例如，粗砂、砂砾和砾石的颗粒，其中几乎没有结合水，冻土中不存在未冻水，所以冻土强度高。相反，黏土类土颗粒很细，总的表面积很大，因而其表面能也大，在其中含有较多的吸附水和薄膜水，吸附水一般是完全不冻结的，薄膜水也只是部分冻结，因而在冻土中保存了较多的未冻水，使冻土的活动性和黏滞性增加，强度降低。另外，土颗粒的矿物成分和级配对强度也有一定的影响。土的颗粒组成对冻土强度的影响可从表2.3看出。

表 2.3　不同颗粒组成的冻土强度

土壤名称	重量湿度	试样温度/℃	极限抗压强度/MPa
中砂土	18.1%	−0.5	9
	17.0%	−2.9	64
	17.2%	−3.4	67
	16.8%	−9.0	127
粉砂土	27.6%	−0.5	9
	30.0%	−1.8	35
	28.2%	−5.1	78
	27.1%	−10.3	128
黏　土	55.2%	−0.5	9
	54.0%	−1.5	13
	53.7%	−3.4	23
	54.6%	−8.2	45

（4）荷载作用时间对冻土强度的影响

由于冻土的流变性，其强度随着荷载作用时间延长而降低（见图2.6）。荷载作用时间小于1h时的冻土强度称为瞬时强度，大于1h时的强度称为长时强度，在实验室条件下，一般将荷载作用200h时的破坏应力作为长时强度。所以冻土的瞬时强度比长时强度要大得多，而且冻结温度越高，两者相差越大。

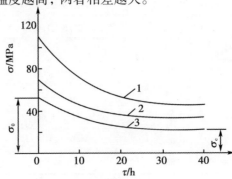

图 2.6　冻土流变性曲线

当冻结温度在 −15 ~ −4 ℃时：① 长时抗压强度约为瞬时抗压强度的 1/2.5 ~ 1/2；② 长时黏结力约为瞬时黏结力的 1/3；③ 长时抗剪强度约为瞬时抗剪强度的 1/2.5 ~ 1/1.8；④ 长时抗拉强度约为瞬时抗拉强度的 1/16 ~ 1/12。

越冬基坑工程所考虑的冻土强度一般都属长时强度。冻结围护系统是在受外力作用的情况下形成的，因此冻结壁内的冻土强度比在实验室内不受外力的情况下形成的冻土强度要大。而且，冻结壁一般是处在三向受力状态，其强度也要比实验时的单向受力强度大。由于冻结壁内温度分布是不均匀的，其各点的强度也是不均匀的。

（5）冻结速度对冻土强度的影响

冻土形成的速度直接影响到冰的结构。若冻结速度快，冻土中的细粒冰含量增多，冻土强度就高；相反，若冻结速度慢，冻土中的粗粒冰含量增多，冻土强度相应降低。

2.2.2　冻土的抗剪强度

实验表明：当应力小于 10MPa 时，冻土的抗剪强度可用库仑表达式描述（见图 2.7）：

$$\tau_b = c_0 + \sigma \tan\phi \tag{2.4}$$

式中：τ_b——冻土的抗剪强度；

　　　c_0——冻土的黏结力；

　　　σ——正应力；

　　　ϕ——冻土的内摩擦角。

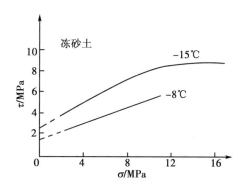

图 2.7　冻土的抗剪强度（细砂）

冻土抗剪强度的影响因素与冻土抗压强度的影响因素相同，仅在程度上有所区别。冻土长时黏结力约为瞬时黏结力的 1/3（见表 2.4）。

表 2.4　冻土的黏结力和内摩擦角

土壤名称	温度/ ℃	含水量	饱和度	瞬　时		长　时	
				黏结力/MPa	内摩擦角	黏结力/MPa	内摩擦角
中砂土	−14~−4	6.5%~23.0%	0.25~0.98	0.82~4.05	$21°0'~29°10'$	0.37~2.10	$20°30'~28°49'$
粉砂土	−14~4	6.8%~21.9%	0.25~0.81	0.39~3.09	$16°12'~20°30'$	0.13~1.12	$17°0'~29°20'$
黏　土	−14~−4	9.2%~28.0%	0.31~0.93	0.43~2.58	$12°48'~29°12'$	0.14~0.99	$12°0'~23°36'$

2.2.3　冻土的流变性

由于冻土内存在固相水(冰)和少量液相水(未冻水),所以其具有显著的流变性,即冻土在荷载作用下应力和应变将随时间而变化的特性。当外力恒定时,冻土的变形随着时间的延长而增大,且没有明显的破坏特征。国内外许多学者对冻土的本构关系做了大量的实验研究。在实验的基础上,获得较公认的本构关系为:

$$\sigma = A(\tau)\varepsilon^m \tag{2.5}$$

式中:σ——应力,MPa;

　　　ε——应变;

　　　τ——随时间变化的变形模量,MPa;

　　　m——强化系数。

一般 $m<1$。当冻土温度在 −10~−5 ℃ 范围内时,对于砂土 $m=0.3$,对于黏土 $m=0.34$。

根据格奥列德基的实验研究,m 既与温度无关,也与荷载作用时间无关。

$A(\tau)$ 是时间和冻土强度的函数,在温度一定时可表示为:

$$A(\tau) = c_1\tau^{-c_2} \tag{2.6}$$

式中:c_1,c_2——实验系数,其值见表 2.5。

表 2.5　实验系数 c_1,c_2 取值

冻土性质	砂　土		黏　土	
冻土温度/ ℃	−5	−10	−5	−10
c_1	8.01	9.29	4.32	7.17
c_2	0.107	0.07	0.09	0.04

2.2.4　冻土的蠕变性

当外力恒定时,冻土的变形随着时间的延长而增大。单向受压状态下冻土的蠕变(指应力不变时变形随时间变化的流变位移)变形规律如图 2.8 所示。

冻土受力首先发生瞬时的弹性和塑性变形(OA 段),其后进入蠕变变形的几个阶段:

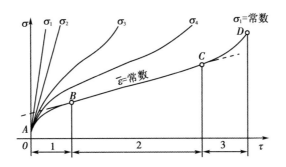

图 2.8　单向受压时冻土的蠕变曲线

① 不稳定的蠕变或弹性蠕变阶段（AB 段），其变形速度 $\left(\bar{\varepsilon}-\dfrac{\mathrm{d}\varepsilon}{\mathrm{d}t}\right)$ 是逐渐衰减；

② 稳定的黏塑性流动阶段（BC 段），其变形速度是不变的（$\bar{\varepsilon}$ 为常数）；

③ 变形速度逐渐增长的流动强化阶段（CD 段），直到最后脆性破坏（致密的砂类冻土）或塑性流动（黏土类冻土）。

冻土的蠕变性是在应力不变时应变随时间变化的特性。根据研究成果，人工冻土的单轴蠕变方程一般表示为

$$\varepsilon = \frac{\sigma}{E_0(T)} + \frac{A_0}{(|T|+1)^k}\sigma^B t^C \tag{2.7}$$

式中：σ——应力，MPa；

$\quad E_0(T)$——冻土单轴弹性模量，MPa；

$\quad A_0$——冻土蠕变实验常数；

$\quad B$——实验确定的应力无量纲常数；

$\quad C$——实验确定的时间无量纲常数；

$\quad T$——冻土的温度，℃；

$\quad t$——冻土蠕变时间。

在实际应用中，不稳定蠕变段时间很短，应把稳定蠕变段作为主要研究对象。特别是在冻结黏土中，只需计算稳定蠕变段的变形速率。冻土的流变性主要是指稳定阶段的流变。其特征是：当应力 σ 小于某一起始应力值 σ_0 时，冻土流变速率 $\dot{\varepsilon} \to 0$，而当 $\sigma > \sigma_0$ 时，$\dot{\varepsilon}$ 为常数

$$\dot{\varepsilon} = \frac{1}{\mu} = (\sigma - \sigma_0)^n \tag{2.8}$$

式中：μ——冻土的黏滞系数；

$\quad n$——实验常数。

当冻土温度在 -15 ℃时，冻结砂土：$\mu = 5 \times 10^9$，$n = 7.5$，$\sigma_0 = 1.56\text{MPa}$；冻结黏土：$\mu = (0.05 \sim 0.13) \times 10^9$，$n = 7 \sim 11$，$\sigma_0 = 1.8 \sim 2.5\text{MPa}$。$\mu$，$n$，$\sigma_0$ 均与冻土类型及温度有关。

2.2.5 强度松弛

冻土强度(破坏应力)随着荷载作用时间的延长而降低,称为冻土的强度松弛。荷载作用时间很短(一般为0.5~1.0 h)时的强度称为瞬时强度,大于1 h的强度称为长时强度。实验室一般将荷载作用200h的破坏应力作为长时强度。冻土强度松弛曲线规律可用松弛方程来描述。

$$\sigma_f = \frac{\sigma_{f_0}}{\left(\dfrac{t}{t_0}\right)^{\xi}} \qquad (2.9)$$

式中: σ_f——松弛强度,MPa;

σ_{f_0}——瞬时强度,MPa;

t_0——对应于瞬时强度的瞬时荷载作用,取 $t_0 = 0.5 \sim 1$ h;

t——作用在冻土上的时间,通常取200 h;

ξ——实验常数,随冻土性质及温度变化。

2.2.6 冻土抗压强度的取值

根据实验和工程经验,冻土长时抗压强度参考值见表2.6。

表 2.6　冻土长时抗压强度参考值

土层名称		中粒砂土			粉砂土			软泥土		
孔隙率/%		38			42			46		
含水率/%		10.0	16.7	22.5	8.3	15.0	23.0	8.0	14.7	24.0
饱和度		0.44	0.73	0.97	0.30	0.56	0.85	0.27	0.49	0.80
荷载作用时间为72 h的冻土抗压强度/MPa	−1 ℃	1.30	1.85	2.74	0.17	0.36	0.48	0.22	0.39	1.08
	−2 ℃	1.70	2.39	3.33	0.26	0.52	0.69	0.31	0.51	1.22
	−3 ℃	2.00	2.81	3.79	0.36	0.69	0.90	0.39	0.62	1.37
	−4 ℃	2.27	3.17	4.18	0.46	0.84	1.11	0.48	0.74	1.52
	−5 ℃	2.50	3.49	4.52	0.56	1.0	1.32	0.56	0.85	1.67
	−6 ℃	2.71	3.76	4.82	0.65	1.16	1.53	0.64	0.96	1.81
	−7 ℃	2.91	4.03	5.12	0.75	1.32	1.74	0.73	1.08	1.96
	−8 ℃	3.07	4.27	5.38	0.85	1.48	1.95	0.81	1.19	2.11
	−9 ℃	3.24	4.49	5.62	0.94	1.64	2.16	0.90	1.31	2.28
	−10 ℃	3.40	4.70	5.88	1.04	1.80	2.37	0.98	1.42	2.40
	−11 ℃	3.55	4.91	6.07	1.15	1.94	2.58	1.06	1.53	2.55
	−12 ℃	3.69	5.10	6.28	1.23	2.10	2.79	1.15	1.65	2.70
	−13 ℃	3.83	5.28	6.48	1.33	2.26	3.00	1.23	1.76	2.84
	−14 ℃	3.96	5.45	6.67	1.43	2.43	3.21	1.32	1.87	2.99
	−15 ℃	4.08	5.61	6.86	1.53	1.53	3.42	1.40	1.99	3.14

由于土赋存条件不同,土性、含水量和冻土温度均有差别,对于具体工程,宜采用原状土进行实验,获得强度值及有关参数。特别是城市地下工程,目前仅有上海地区软土地层冻土参数比较全面,其他地区或地层可以参照煤炭相关手册选取。

2.3　冻土的热物理参数

冻土是由矿物颗粒、冰、未冻水和气体组成的混合体,冻土和未冻土的热物理性质有很大差别,是由于土中水处在不同相态时或者正在发生相变时的特性所决定的。由于冰的导热系数约为水的 4 倍,而冰的热容量约为水的二分之一,冻土中的含冰量越大,其热物理性能的差异也越显著。

描述冻土热物理性质的主要指标有比热容、导热系数、导温系数、热容量和相变潜热。

(1)比热容

单位质量的土体,温度改变 1 ℃所需要吸收(或放出)的热量称作比热容,按下式计算:

$$C_{du} = \frac{C_{su} + W C_w}{1 + W} \tag{2.10}$$

$$C_{df} = \frac{C_{du} + (W - W_u) C_i + W_u C_w}{1 + W} \tag{2.11}$$

式中:C_{du}, C_{df}, C_{su}, C_w, C_i——融土、冻土、融土骨架、流土骨架、水的比热容,J/(kg·℃);

W, W_u——土中的总含水量和未冻水含量。

一般 C_w 和 C_i 可分别取为 4182 J/(kg·℃)和 2090 J/(kg·℃)。对不同土体,骨架比热容变化不大,可取 $C_{su} = 850$ J/(kg·℃),$C_{df} = 778$ J/(kg·℃),计算中可近似认为 $W_u = 0$。

(2)导热系数

在热流方向上,单位温度梯度 1 ℃/m(1 m 长度上温度降低 1 ℃)作用下,单位时间内通过单位面积的热量称为导热系数,用 λ 表示,其单位为 W/(m·℃),它是反映冻土传热难易程度的指标。冻土的导热系数受土性、含水率和温度变化的影响。当土性相同时,含水率愈大,λ 值也愈大。工程中常采用平均导热系数,冻土与未冻土的导热系数范围为 0.9~3.9W/(m·℃)。实验结果表明,导热系数与导热体所受外界压力无关。

岩土体在未冻结状态和在冻结状态下导热系数不同,一般通过实验获得。有关资料说明温度的变化对导热系数等热物理参数的影响不是很大,在工程中可以只考虑分为未冻土和冻土两种状态,冻土融化后按照未冻土考虑。根据有关实验资料,土冻结的导热系数约为未冻结的 1.20~1.60 倍，工程实践中冻土导热系数可以取为 1.6 倍的未冻土导热系数。

（3）导温系数

反映在不稳定传热过程中温度变化速度的指标称为导温系数，冻土的导温系数可用下式表达：

$$a = \frac{\lambda}{C\gamma} \tag{2.12}$$

式中：a——冻土的导温系数，$\mathrm{m^2/h}$；

C——冻土的比热容，$\mathrm{J/(kg \cdot ℃)}$；

γ——冻土的表观密度，$\mathrm{kg/m^3}$。

冻土的导温系数随含水量增大而增大，但到达一定含水量后增长缓慢。

（4）热容量

在冻结过程中，土体从初始温度降到所需要的冻结温度时，每 $1\mathrm{m^3}$ 土所放出的总热量称为土的热容量。冻土的热容量可用下式计算：

$$Q = Q_1 + Q_2 + Q_3 + Q_4 \tag{2.13}$$

其中，Q_1，Q_2，Q_3，Q_4 分别为

$$Q_1 = WC_w(t_0 - t_i)\rho \tag{2.14}$$

$$Q_2 = W\rho L \tag{2.15}$$

$$Q_3 = WC_i\gamma_i(t_i - t) \tag{2.16}$$

$$Q_4 = (1 - W)C_t\gamma_t(t_0 - t) \tag{2.17}$$

式中：Q_1——$1\ \mathrm{m^3}$ 土体中水由原始温度 t_0 降到结冰温度 t_i 时放出的总热量；

W——含水率，%；

C_w——水的比热容，$\mathrm{J/(kg \cdot ℃)}$；

ρ——土的密度，$\mathrm{kg/m^3}$；

Q_2——土中水结冰时放出的潜热量；

L——$1\ \mathrm{kg}$ 水结冰时放出的潜热量，一般为 $335\ \mathrm{kJ/kg}$；

Q_3——冻土中的冰由结冰温度降到所需要的冻结温度时放出的热量；

C_i——冰的比热容，$\mathrm{J/(kg \cdot ℃)}$；

γ_i——冰的密度，$\mathrm{kg/m^3}$；

t——所达到的冻土平均温度，℃；

Q_4——土颗粒由原始温度达到平均温度时放出的热量。

（5）相变潜热

在一定温度下将水或某种水溶液由液态变成固态时所需要放出的热量，即相变潜热。土体冻结时放出的结冰潜热与土体的未冻结水含量关系可用下式表示：

$$\Psi = L\rho_d(W - W_u) \tag{2.18}$$

式中：Ψ——土的相变潜热，kJ/m^3；

　　　L——水的结冰潜热，取 $335kJ/kg$；

　　W_u——冻土中的未冻水含量，%；

　　ρ_d——土的干密度，kg/m^3，按 $\rho_d = \rho/(1+W)$ 计算；

　　　ρ——土的密度，kg/m^3。

2.4　冻结温度场

冻结温度场是一个相变、移动边界、有内热源、边界条件复杂的不稳定导热问题。掌握冻结温度场的目的在于：求冻结壁的平均温度，为确定冻土强度提供依据；确定冻结锋面的位置，用以计算冻结壁的厚度；确定冷量的消耗；了解冻结温度场，也就是掌握冻土中温度分布情况，可以较准确地知道冻结壁的扩展速度。

（1）温度场

在空间一切点瞬间温度值的集合称为温度场。温度场分为稳定的温度场和不稳定的温度场。温度场内任何点的温度不随时间而改变的称为稳定温度场；场内各点的温度不仅随空间发生变化，而且随时间的改变而改变的称为不稳定温度场。

（2）冻结温度场理论

冻结的主要理论依据是温度场理论，分降温区理论和冻结区理论。在测温点温度为正值时，运用降温区理论，此时

$$t = \frac{2t_0}{\sqrt{\pi}} \int_0^{x/\sqrt{4a\tau}} e^{-x^2/4a\tau} d(x/\sqrt{4a\tau}) \tag{2.19}$$

式中：x——测温点与冻土边缘最小距离，m；

　　　t——测温点的土层温度，℃；

　　t_0——土层的原始温度，℃；

　　　π——圆周率；

　　　τ——冻结时间，h；

　　　a——冻结土层的导温系数，m^2/h。

在测温点温度为负值时，适用冻结区理论，此时

$$t = \frac{t_c \ln \dfrac{r_f}{r}}{\ln \dfrac{r_f}{r_p}} \tag{2.20}$$

式中：t——测温点处的冻土温度，℃；

　　t_c——基坑壁冰水冻结温度，℃；

r_f——冻土深度，m；

r——冻土温度为 t 处的冻土深度，m；

r_p——基坑围护墙壁厚度，m。

冻结过程中，桩(板)与周围土体发生热交换，周围土体受其影响而形成多个区域，按不同特征分为冻结区、降温区和常温区，如图2.9所示。在冻结区，即 $t \leqslant 0$ ℃的区域内，土体温度成对数分布；在降温区，即 0 ℃ $\leqslant t \leqslant t_0$ ℃的区域内，土体强度服从高斯误差函数分布；在常温区，即 $t = t_0$ 的区域内，土体温度不随距离的远近而变化。

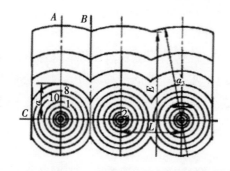

图2.9 基坑围护墙壁与土体冻结区、降温区和常温区区域图

（3）影响温度场的主要因素

① 未冻水含量。当土体冻结时，特别是当细分散土(如黏性土)冻结时，在土的冻结温度下，并非所有的水都变成冰，只是其中一部分水变成了冰。当温度进一步下降时，继续发生水的相变，总的含水量减小了。发生冻结的水的数量决定于负温度，还决定于矿物颗粒的比表面积、吸附阳离子的成分、压力等。

土体中的未冻水含量多，则土体冻结慢，黏性土比砂土中含更多的未冻水，砂土就较容易冻结。土体中的未冻水含量直接影响到土体的相变潜热，进而影响土体温度的下降。

冻土中的未冻水含量不仅是计算相变潜热的必要指标，而且直接制约冻土的力学特性，其含量随土类、温度和外载而变，并与冻结负温值保持幂函数形式的平衡关系。

$$W_u = a\theta^b \tag{2.21}$$

式中：W_u——外载条件下的未冻水含量，%；

θ——冻土温度，取其绝对值，℃；

a, b——由土质决定的常数，由实验确定。

② 土的冻结温度。标准大气压下自由水的冻结温度(也称"冰点")为 0 ℃，但处于矿物颗粒表面力场中的孔隙水，特别是当其为薄层(薄膜水)时，冻结温度更低，而土的冻结温度是指土体中孔隙水稳定冻结的温度，土体孔隙水的冻结有其自身特点，这是由土体矿物颗粒表面的相互作用和水中具有某种数量的盐分所决定的。孔隙水冻结的同时，伴随着土体体积增大、析冰作用、土颗粒冻结。

土体中的水由于受土颗粒表面能的作用及溶质的存在和地压力的影响，其冻结温度均低于 0 ℃，因而土体的冻结温度应由实验测定。

在给定含水量及无外载条件下土体的冻结温度

$$\theta_f = -\exp\frac{\ln a - \ln w_0}{b} \tag{2.22}$$

式中：θ_f——土体的冻结温度，℃；

　　　w_0——土体的含水量，%；

　　　a，b——由土质决定的常数，由实验确定。

在相同初始含水量的情况下，土颗粒细的冻结温度低；土颗粒粗的冻结温度高。一般情况下，当含水量为液限含水量时，黏性土类的冻结温度为 -0.3 ~ -0.1 ℃；砂和砂性土为 0.2 ~ -0 ℃。根据中国矿业大学的研究，承压土的冻结温度的计算公式为

$$t_d = t_s + \eta p \tag{2.23}$$

式中：t_s——无外载条件下含盐湿土的冻结温度，通常情况下 $t_s = -6 ~ 0$ ℃；

　　　η——有荷载作用时，不含盐湿土的冻结温度随着外荷载的平均变化率，一般取为 -0.075 ℃/MPa；

　　　p——湿土所受外荷载（以压为正），取为土的垂向地压 $p_v = \gamma H$，一般土体的湿重度 $\gamma = 0.0194 ~ 0.025$ MN/m³，H 为土体的埋深，m。

按上述常见参数取值范围，$t_d = -8 ~ 0$ ℃。

土的含盐量也影响冻结温度，含盐量大，冻结温度低，而含盐量又与水分有关，土的含水量大，土中盐稀释，冻结温度高；土的含水量小，盐的浓度增大，冻结温度就低。实验表明，当土的含水量不同时，冻结温度也不同，其规律是土的冻结温度随着含水量的增加而升高。

2.5　冻融融沉

（1）冻融机理

含水土体的冻结伴随着复杂的物理、物理化学、物理力学过程。在含水土体的冻结过程中，除黏性细粒土中的原位水发生冻结外，还会发生未冻水向冻结锋面的迁移，从而引起土中水分重分布和析冰作用。

（2）融沉机理

富冰冻土融化时，融化后的土体由于冰变成水体积减小产生融化性沉降，同时由于在融化区域发生排水固结，引起土层的压密沉降。融化沉降的沉降量与外压力无关，而压密沉降与正压力成正比。冻土的融化沉降量及随时间而发生的过程不仅取决于冻土的性质及作用荷载，而且取决于融化过程中土的温度状况。

① 冻土的融化下沉性分类。为工程应用目的，通过实验和现场观察，对特定土体进行融沉分类，得出融沉系数，以方便进行经验估算或结合进行理论分析(见表2.7)。

表 2.7　融沉系数

融沉分类	不融沉	弱融沉	融　沉	强融沉	融　陷
融沉系数	<1%	1%~5%	5%~10%	10%~25%	>25%

② 冻土融化时的压缩。低透水性、饱和细砂土的冻土融化时在外部荷载和自重的作用产生压缩固结作用。融土的融化压缩曲线如图2.10所示。

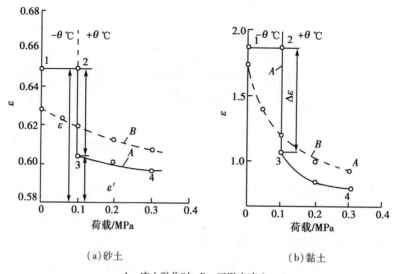

（a）砂土　　　　　　　（b）黏土

A—冻土融化时；B—正温未冻土

图 2.10　冻土融化压缩曲线

不论是砂土或黏土，冻土融化压缩曲线都可以划分为三个特征阶段：

·阶段1→2：表示土体冻结状态下因水分迁移及荷载作用，冻土流变等作用导致冻土压密；

·阶段2→3：表示冻土在融化、荷载作用下压缩及水被渗流挤出过程中，土体构造的剧烈变化；

·阶段3→4：表示融化后由于残余的渗透固结作用和融土矿物骨架的蠕变引起的附加压缩。

比较未冻结过的土和冻土融化时的压缩曲线可以明显地看出，在融化过程中孔隙比的变化最大，决定融土融沉的是融化过程中孔隙比的变化量。

③ 冻土融化时细粒土结构破坏。图2.11所示是软弱粉砂淤泥的冻结和解冻实验曲线。细粒土在冻结的过程中发生冻融，解冻过程中由于土体结构破坏，发生急剧的沉降，以至于沉降量超过原土面，其最终沉降量超过了冻融量。

（3）冻融融沉的影响因素分析

土体的冻融融沉与土体本身的性质和各种外部影响因素有关。土体本身的性质包括

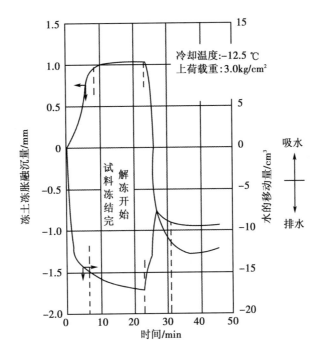

图 2.11 软弱粉砂淤泥冻结和解冻实验曲线

土的矿物成分、粒度组成、土体的含水量、土的结构、压缩系数以及土的热物理性质,土体本身的性质决定了土体冻融融沉的机理。各种外部因素对冻融融沉也有极大的影响,这些外部影响因素包括上覆荷载、水源补给条件、冻结和融化温度、温度梯度等。

(4)自然冻结与人工冻结的地层差异(见表 2.8)

表 2.8 自然冻结与人工冻结地层的差异

项 目	自然冻结	人工冻结
地层类型	任何含水量的土或岩土	通常是松散含水不稳定淤泥、砂、软弱黏土层
温 度	很少低于-15 ℃,自然气候控制,时间和空间上变化小	通常低于-20 ℃,用液氮冻结时低于-60 ℃,可选择设计参数,变化大
冰锋面扩展	一个向上或向下扩张的平面	采用垂直冻结管冻结时,冻结面是一个水平向扩展的不规则曲面
荷 载	一般为长时荷载(冻土为永久结构)	大部分为短期或中期荷载(冻土为临时结构)
冰 晶	大部分为水平状,厚度和出现的频率随深度减少	近似平行于冻结管

2.6 冻土挡墙荷载

冻土挡墙，即介于悬臂式地下连续墙与重力式挡墙之间的一种特殊深基坑支护方式，其支护特点是以自身的重量和强度来抵抗外界作用于其上的荷载，而其基坑边壁结构也在某种程度上起到挡土和隔水的作用。

在深基坑支护结构中，外界荷载由冻土墙和混凝土边壁共同来承担，冻土墙对支护深基坑的稳定性及地下结构工程的施工安全性起到主导作用。因此，在进行深基坑围护结构设计之前，有必要弄清楚冻土挡墙承受的主要荷载情况，为设计出安全、可靠的深基坑围护结构提供可靠的依据。

（1）侧向土压力

作用在冻土挡墙上的土压力称为侧向土压力，它分为静止土压力、主动土压力和被动土压力三种，其分布情况与大小不仅与地基土体的特性有关，而且在很大程度上还与支护结构本身的变形有关，是作用在冻土挡墙上的最主要荷载。在基坑开挖到基坑底后，在侧向土压力作用下，冻土挡墙会产生横向位移和绕墙踵转动变形，冻土挡墙的可能位移和变形如图 2.12 所示，冻土挡墙由 ABC 位移到 $A'B'C'$，副冻土挡墙外侧承受主动土压力，而在基坑开挖侧冻土挡墙将从基坑底起承受被动土压力。

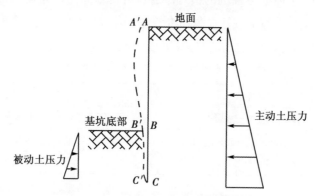

图 2.12　冻土挡墙所受侧向土阻力

（2）冻土挡墙体的自重

在深基坑围护体系结构中，承担主要外界荷载的冻土挡墙的自重在围护体系的设计和计算中是不容许忽视的，这是由于一般冻土挡墙结构的体积较大，对其本身有较大的作用力。

（3）温度荷载

冻土挡墙与板桩、重力式挡土墙、地下连续墙、土钉墙等支护方式所受荷载有一显著不同之处，即其在自身温度场作用下，要承受温度荷载。由于主体中的水在冻结温度下会凝固成冰，发生体积膨胀，因而在土体中产生冻融力。对于矿物颗粒的热胀冷缩，在冻土应力场的分析计算中一般给予忽略。

（4）其他荷载

由于基坑施工现场周围不可避免地存在建筑物、大型管道等地下构筑物，所以这些设施和建筑物会产生永久荷载；同时，冻土挡墙周围卡车起重机等的行驶会产生振动荷载；由降水或地表雨水补给使地下水位受到影响，可能出现水位上升而引起土压力增加，或下降而增加附加应力；另外，现场施工设备的重量和工作会产生施工荷载。

（5）荷载的计算

在冻土挡墙围护结构荷载中，侧向土压力是作用在冻土挡墙上的主要荷载，因而土压力的计算是围护结构设计计算的关键。

① 影响侧向土压力的主要因素。填土的性质：是指冻土挡墙背后填土的重度、含水量、内摩擦角和黏聚力的大小以及填土面的性状；冻土挡墙的性状、墙背的光滑程度和位移量；冻土挡墙的位移方向和位移量。其中，冻土挡墙的位移方向和位移量是最主要的因素，因为它直接决定了是按主动土压力计算还是按被动土压力计算。

② 主动土压力与被动土压力的计算。荷载的计算考虑影响侧向土压力的主要因素，包括：主动土压力与被动土压力的计算（见图 2.13）。

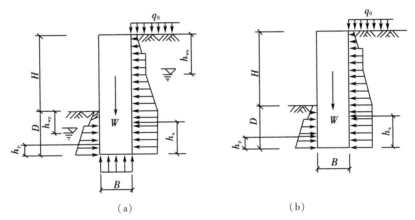

（a）　　　　　　　　　　　　　　　（b）

图 2.13　冻土挡墙受力图

土压力的计算，当不考虑地下水的存在时比较简单。但是在地下水位以下，而且基坑内外存在较大的水位差的条件下，土压力应包括两部分：水压力和有效土压力。目前，比较统一的认识是对于渗透性好的粉砂土或杂填土，同时考虑水压力，即采用水土压力分算法；对于透水性差的黏土，宜采用水土压力合算法。

③ 主动侧压力计算。如图 2.13（a）所示，砂土、粉土及透水性好的杂填土按水土压力分算原则确定主动土压力为

$$\left.\begin{aligned} & e_{aik} = \sigma_{aik}K_{ai} - 2c_i\sqrt{K_{ai}} + \gamma_w(z_i - h_{wa})(1 - K_{ai}) \\ & K_{ai} = \tan^2\left(45° - \frac{\varphi_i}{2}\right) \end{aligned}\right\} \tag{2.24}$$

式中：e_{aik}——作用于冻土挡墙上的主动土压力，kPa；

σ_{aik}——作用于深度 z_i 处不考虑水浮力的正压力的标准值，kPa；

z_i——计算点深度，m；

c_i——第 i 层的黏聚力，根据直剪实验确定，kPa；

γ_w——水的重度，kN/m³；

h_{wa}——基坑外侧水位深度，m；

K_{ai}——第 i 层土的主动土压力系数；

φ_i——第 i 层土的内摩擦角，(°)。

如图 2.13(b)所示，对于黏土根据水土合算的原则确定主动土压力为

$$\left.\begin{aligned} e_{aik} &= \sigma_{aik}K_{ai}-2c_i\sqrt{K_{ai}} \\ \sigma_{aik} &= \gamma h \end{aligned}\right\} \tag{2.25}$$

多数基坑支护工程的实测资料证明主动土压力在基坑开挖深度以下与朗肯主动土应力有较大的差距。在基坑底以下主动土压力不再随深度线性增加。

④ 被动侧压力的计算。对于砂土、粉土及透水性好的杂填土采用水土分算原则计算被动侧压力为

$$e_{pjk} = \sigma_{pjk}K_{pj}+2c_j\sqrt{K_{pj}}+\gamma_w(z_j-h_{wp})(1-K_{pj}) \tag{2.26}$$

式中：e_{pjk}——作用于冻土挡墙上的被动土压力，kPa；

K_{pj}——第 j 层土的被动土压力系数。

对于黏土按水土分算的原则确定被动土压力为

$$\left.\begin{aligned} e_{pjk} &= \sigma_{pjk}K_{pj}+2c_j\sqrt{K_{pj}} \\ K_{pj} &= \tan^2\left(45°-\frac{\varphi_j}{2}\right) \end{aligned}\right\} \tag{2.27}$$

2.7 冻土挡墙嵌固深度

2.7.1 按临时支护作用考虑

基坑工程越冬会出现冻结，为确保施工阶段基坑的稳定性，必须将墙体深入到基坑底面以下某一深度；同时，为了降低工程造价，在确保安全的前提下，应尽量减少嵌固深度。冻土挡墙的嵌固深度与基坑坑底隆起稳定、挡墙抗滑动稳定、墙体整体稳定、管涌等因素有关。墙体嵌固深度主要取决于土的强度与墙体的稳定性，而不是变形的大小，即嵌固深度满足墙体稳定最小值要求的条件下，与变形量关系不大。因此，确定冻土挡墙嵌固深度时应通过稳定性验算，取最不利条件下所需的嵌固深度。

（1）按整体稳定计算嵌固深度

如图 2.14 所示，采用圆弧滑动简单条分法计算则有：

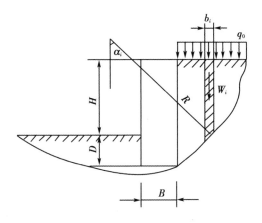

图 2.14　整体滑动计算图

$$K_s = \frac{\sum_{i=1}^{n} c_i l_i + \sum_{i=1}^{n} (q_i b_i + W_i)\cos\alpha_i \tan\varphi_i}{\sum_{i=1}^{n} (q_i b_i + W_i)\sin\alpha_i} \tag{2.28}$$

式中：c_i——最危险滑动面上第 i 土条滑动面上黏聚力，kPa；

φ_i——最危险滑动面上第 i 土条滑动面上内摩擦角，（°）；

l_i——第 i 土条弧长，m；

b_i——第 i 土条宽度，m；

W_i——第 i 土条单位宽度的实际重量，kN/m；

α_i——第 i 土条弧线中点切线与水平线夹角，（°）。

取 $K_s \geqslant 1.0 \sim 1.25$。

（2）抗隆起稳定确定嵌固深度

抗隆起稳定采用极限承载力法来计算，它是将围护结构的底面作为极限承载力的基准面，其滑动线如图 2.15 所示。

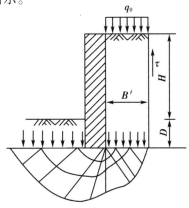

图 2.15　抗隆起稳定计算图

根据极限承载力的平衡条件有(参照 Prandtl 承载力公式):

$$K_{s} = \frac{\gamma D N_{q} + c N_{c}}{\gamma (H+D) + q_{0}} \tag{2.29}$$

取 $K_{s} \geqslant 1.10 \sim 1.20$。

$$\frac{\gamma D \tan^{2}\left(45^{\circ} + \frac{\varphi}{2}\right) \mathrm{e}^{x\tan\varphi} + c\left[\tan^{2}\left(45^{\circ} + \frac{\varphi}{2}\right) \mathrm{e}^{x\tan\varphi} - 1\right]\frac{1}{\tan\varphi}}{\gamma(H+D) + q_{0}} \geqslant K \tag{2.30}$$

$$\tan^{2}\left(45^{\circ} + \frac{\varphi}{2}\right) = k_{p} \tag{2.31}$$

$$D \geqslant \frac{K_{s}(H+q_{0}) - \frac{c}{\gamma}(k_{p}\mathrm{e}^{\pi\tan\varphi} - 1)\frac{1}{\tan\varphi}}{k_{p}\mathrm{e}^{\pi\tan\varphi} - K_{s}} \tag{2.32}$$

式中: γ ——土层的平均重度,kN/m^{3};

φ ——土体的内摩擦角,(°);

c ——土体的黏聚力,kPa;

q_{0} ——地面超载,kPa。

(3)按抗滑动稳定确定嵌固深度

此法认为开挖面下墙体能起到抵抗基底土体隆起的作用,并假定土体沿墙体呈底面滑动,认为墙体底面以下的滑动面为一圆弧,如图2.16所示。

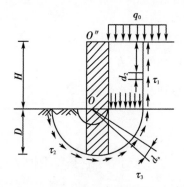

图2.16 抗滑动稳定计算图

将滑动力与抗滑动力分别对圆心取力矩,得:

滑动力矩

$$M_{S} = \frac{1}{2}(\gamma H + q_{0})D^{2} \tag{2.33}$$

抗滑动力矩

$$M_{T} = \int_{0}^{H}\tau_{1}\mathrm{d}z \cdot D + \int_{0}^{S_{1}}\tau_{2}\mathrm{d}s \cdot D + \int_{0}^{S_{2}}\tau_{3}\mathrm{d}s \cdot D + \frac{B}{2}W \tag{2.34}$$

$$M_{\mathrm{T}} = K_{\mathrm{a}} \tan\varphi \left[\left(\frac{\gamma H^2}{2} + q_0 H \right) D + \frac{1}{2} \gamma H q_0 D^2 \right] +$$

$$\tan\varphi \left[\frac{\pi}{4} (\gamma H + q_0) D^2 + \frac{4}{3} \gamma D^2 \right] + c(HD + \pi D^2) + \frac{B}{2} W \qquad (2.35)$$

为保证抗隆起安全，系数必须满足

$$K_{\mathrm{s}} = \frac{M_{\mathrm{T}}}{M_{\mathrm{S}}} \geqslant 1.2 \sim 1 \qquad (2.36)$$

由此求得最小嵌固深度 D。

2.7.2　按止水作用考虑

冻土挡墙作为止水帷幕有两种作用：一种是防止流土出现；另一种是阻止或减少坑外地下水向坑内的渗流。

（1）防止流土的嵌固深度验算

当地下水位较高且基坑底面以下为砂土、粉土地层时，冻土挡墙作为帷幕墙的插入深度应该满足防止发生流土现象的要求。如图 2.17 所示，与墙体距离为 B_{w} 范围内单位宽度地下水上浮力为：$F = \gamma_{\mathrm{w}} B_{\mathrm{w}} h_{\mathrm{w}}$。其中，$h_{\mathrm{w}}$ 为 B_{w} 范围内单位宽度地下水头平均高度，按经验取：$h_{\mathrm{w}} = H_{\mathrm{w}}/2$，$B_{\mathrm{w}} = D/2$。

与墙体距离为 B_{w} 范围内墙底端高程以上土重为：$W = J_{\mathrm{cr}} \gamma_{\mathrm{w}} D B_{\mathrm{w}}$，其中，$J_{\mathrm{cr}}$ 为临界水力坡度，$J_{\mathrm{cr}} = (G_{\mathrm{s}} - 1)(1 - n)$，其中 G_{s} 为土的相对密度；n 为土的孔隙比。

当有 $W > F$ 时不会发生流土现象，则嵌固深度：

$$D \geqslant K_{\mathrm{s}} \frac{H_{\mathrm{w}}}{2 J_{\mathrm{cr}}} \qquad (2.37)$$

式中：K_{s}——抗流土安全系数，一般取 $1.5 \sim 2.5$。

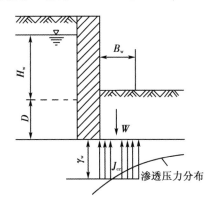

图 2.17　流土计算图

（2）阻止地下水渗流的冻土挡墙嵌固深度确定

为阻止或减少坑外地下水向坑内的渗流，冻土挡墙嵌固深度的确定常与土层的分布有关。坑底以下存在黏土层时，冻土挡墙仅需进入黏土层一定的深度；在深厚潜水层中，冻土挡墙原则上应穿透透水层。在这种情况下，随着冻土挡墙嵌固深度的增加，水土压力也增大，势必要增大墙体的厚度，大大增加了工程的造价和施工的难度。这时可以考虑采用降水方案或在基坑开挖面以下形成冻土垫层与冻土挡墙相结合的方法。

以上按冻土挡墙的临时支护作用和止水作用所确定的最大嵌固深度即为所需的冻土挡墙嵌固深度计算值。当引入地区性的安全系数和基坑安全等级进行修正后，即为嵌固深度的设计值，一般取计算值的 1.1~1.2 倍。

第3章 紧邻地铁基坑勘察和设计

针对紧邻地铁基坑勘察、设计和监测工程,形成紧邻地铁基坑岩土工程综合勘察(见图3.1)。① 拟建工程重要性等级:一级;② 场地复杂程度等级:二级;③ 地基复杂程度等级:一级;④ 岩土工程勘察等级:甲级;⑤ 抗震设防类别:甲类。

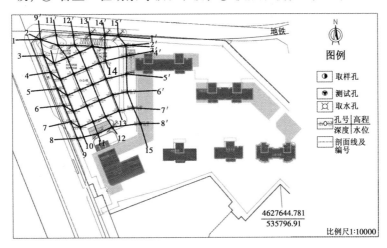

图 3.1　勘探点平面布置图(商贸)

3.1　勘察技术要求

拟建工程建(构)筑物特征见表3.1。

表 3.1　拟建工程建(构)筑物特征

建(构)筑物	层数	高度/m	建(构)筑物等级	结构类型	对差异沉降敏感程度	建(构)筑物基础			
						基础形式	材料	砌置深度/m	单位荷载/(kN/m²)
写字楼塔楼	71/-4	300.0	一	核心筒	敏感	桩基础	钢混	-25.0	1200
车库	/-4	0	三	框架	敏感	独立基础	钢混	-25.0	300
整平标高为:42.92m									
总建筑面积:约15万 m²									

3.1.1 场地工程地质条件

根据场地勘察报告,拟建工程场区处于高漫滩上,地势较平坦,地貌类型单一。受局部地段开挖影响,钻孔标高为 39.52~43.17 m,最大高差 3.65 m。根据现场勘探、原位测试及室内土工实验成果,按地层沉积年代、成因类型,将工程最大勘探深度范围的土层自上而下分别描述如下:

杂填土①:主要由碎石等建筑垃圾和黏性土组成,松散状态。该层在该区连续分布,厚度变化较大,层底埋深 1.7~8.6 m;厚度范围 1.7~8.6 m。

粗砂②:黄褐色,中密状态,稍湿。颗粒不均匀,含土量大,含少量砾石。矿物成分以石英、长石为主。该层在场区不连续分布,厚度变化较大,可见层底埋深 3.5~11.0 m;可见厚度范围 0.5~6.8 m。

中砂②1:为粗砂②夹层,黄褐色,稍密状态。

黏土②2:为粗砂②透镜体,灰色,黄褐色,硬可塑状态。

砾砂③:黄褐色,很密状态,稍湿,下部含水。颗粒不均匀,含土量大,含砾石,可见最大粒径 90 mm。矿物成分以石英、长石为主。该层在场区连续分布,厚度变化较大,层底埋深 14.0~23.3 m;厚度范围 5.0~15.8 m。

粉质黏土③1:为砾砂③夹层,黄褐色、黑灰色,硬塑状态。

中粗砂③2:为砾砂③夹层,黄褐色,密实状态。

圆砾③3:为砾砂③夹层,中密状态。

砾砂④:黄褐色,很密状态,含水、饱和。颗粒不均匀,含土量大,含砾石,可见最大粒径 90 mm。矿物成分以石英、长石为主。该层在场区连续分布,浅孔未穿透该层,层底埋深 30.0~45.0 m;可见厚度范围 8.5~24.4 m。

黏土④1:为砾砂④夹层,黄褐色,软可塑状态。

中粗砂④2:为砾砂④夹层,黄褐色,很密状态。

圆砾④3:为砾砂④夹层,密实状态。

含黏性土圆砾⑤:密实状态,由结晶岩组成,亚圆形,一般粒径 5~20 mm,可见最大粒径约 200 mm,充填较多黏性土,为泥质半胶结(泥包砾)状态,黏性土占总质量 30%左右,局部卵石颗粒风化严重、用手较易掰碎。该层在场区连续分布,大部分钻孔未穿透该层,可见层底埋深 60.0~110.0 m;可见厚度范围 17.3~66.1 m。

含黏性土中粗砂⑤1:为含黏性土圆砾⑤夹层,密实状态。

含黏性土砾砂⑤2:为含黏性土圆砾⑤夹层,密实状态。

粉质黏土⑤3:为含黏性土圆砾⑤透镜体,黄褐色,可塑状态。

全风化花岗岩⑥:灰褐色,主要矿物成分为石英、长石、云母,结构已破坏,风化成砂土状,手捻可碎。该层仅在部分深孔内可见,可见层底埋深 108.7~110.0 m;可见厚度范围 1.7~2.9 m。

强风化花岗岩⑦:灰褐色,主要矿物成分为石英、长石、云母,结构已基本破坏,尚可以辨认,块状构造,锤击可碎。该层仅在部分深孔内可见,可见层底埋深 108.0 ~ 110.0 m;可见厚度范围 0.9~2.0 m。

3.1.2　场地水文地质条件

2015 年住宅区详细勘察阶段在钻孔内见地下水,地下水类型为砂类土及碎石土中潜水。潜水初见水位为 +20.0 ~ +21.55 m,标高为 +21.74 ~ +23.64 m;潜水稳定水位为 +19.7 ~ +21.0 m,标高为 +22.14 ~ +23.14m,补给方式主要为大气降水下渗和地下径流,排泄方式为地下径流和附近人工降水。当时现场地下水位呈东南高西北低状分布,初步分析原因为拟建场地西侧有高层建筑物建设过程中的降水措施,场地位于其降落漏斗范围内;2019 年商贸区详细勘察阶段在钻孔内见地下水,地下水类型为砂类土及碎石土中的潜水。潜水初见水位为 +6.5 ~ +9.5 m,标高为 +33.44 ~ +33.73 m;潜水稳定水位为 +6.2 ~ +9.2 m,标高为 +33.14 ~ +33.33 m,补给方式主要为大气降水下渗和地下径流,排泄方式为地下径流和附近人工降水。

依地区经验,潜水水位年变幅为 2~3 m。根据场区周边多年前水文地质资料,建议场地抗浮设计水位标高按 37.50 m 考虑。

3.2　基坑支护设计

3.2.1　设计原则

设计方案能够保证地下结构施工的安全;设计方案能确保基坑四周边坡安全、稳定,保证土方开挖施工的安全进行;设计方案能够保证周边建筑物、道路、管线的安全;设计方案和工程措施的选择要技术可行、经济合理、安全可靠、便于施工;采取"信息化设计施工"原则。

3.2.2　基坑安全等级和使用期限

基坑大面开挖深度为 20.25 ~ 23.55 m,在基坑变形影响范围内存在重要建筑或道路,因此需对项目基坑变形进行严格限制。根据《建筑基坑支护技术规程》(JGJ 120—2012)相关条目,确定拟建项目所有支护剖面安全等级均为一级;基坑支护为临时工程,支护结构使用年限为 2 年。若出现超出设计年限使用情况,应根据基坑实际情况和监测数据进行分析论证,采取适当措施确保基坑安全。

3.2.3　参数取值

设计计算根据支护不同剖面取相应荷载,紧邻无建筑物及施工场地的剖面取基坑上口线外 2 m 内无附加荷载,2 m 之外 10 m 之内荷载不超过 20 kPa,紧邻建筑物的根据建筑物荷载取值，荷载要求详见各剖面设计说明。基坑回填前基坑周边荷载不能超过设计取用值；工程基坑预留肥槽 2000 mm，西侧因紧邻地铁，预留施工肥槽 1100 mm；现场条件与设计时状况不一致时，应及时通报设计单位复核和变更设计。

3.2.4 支护方案

根据现地面标高、基底标高、周边环境、工程地质及水文地质条件不同，设计分为 15 个支护剖面，所有剖面安全等级均为一级。

(1)A-B 段支护剖面

基坑西北侧，现地面标高取 42.90 m，离核心筒较近，基底标高按 19.35 m 计算，支护深度 23.55 m，采用桩锚支护，护坡桩 Φ1000@1400，6 道预应力锚杆。

(2)B-C 段支护剖面

基坑西北侧，现地面标高取 42.90 m，基底标高 22.25 m，支护深度 20.65 m，采用桩锚支护，护坡桩 Φ1000@1400，5 道预应力锚杆。

(3)C-D 段支护剖面

基坑北侧，现地面标高取 42.90 m，基底标高 22.65 m，支护深度 20.25 m，采用上部 1.2 m 土钉墙+下部桩锚支护，护坡桩 Φ1000@1400，5 道预应力锚杆。

(4)D-E 段支护剖面

基坑北侧和东侧，现地面标高取 42.90 m，基底标高 22.65 m，支护深度 20.25 m，采用上部 1.2 m 土钉墙+下部桩锚支护，护坡桩 Φ1000@1500，5 道预应力锚杆；区域大部分护坡桩、冠梁已施工完毕，若经检测可继续使用，尚未施工的 7 根桩和锚杆按设计剖面图施工。

(5)E-F 段支护剖面

基坑东侧，现地面标高取 42.90 m，基底标高 22.65 m，支护深度 20.25 m，桩锚支护，护坡桩 Φ800@1200，5 道预应力锚杆；区域原护坡桩已施工完毕，锚杆已施工上部三道。因开挖加深，已施工支护结构不能使用，在基坑外侧新施工护坡桩和锚杆；原有支护桩清除时不能碰撞、损害新施工支护结构。

(6)F-G 段支护剖面

基坑东南角，现地面标高取 42.90 m，基底标高 22.65 m，支护深度 20.25 m，应开挖范围改变，在已施工桩内侧-10 m 平台施工新 Φ800@1400 护坡桩，桩顶标高 32.90 m，桩身 2 道预应力锚杆。

(7)G-H 段支护剖面

基坑东南角，现地面标高取 42.90 m，基底标高 21.35 m，支护深度 21.55 m，采用桩锚支护，护坡桩 Φ800@1200，5 道预应力锚杆；因开挖加深，已施工支护结构不能使用，在基坑外侧新施工护坡桩和锚杆；原有支护桩清除时不能碰撞、损害新施工支护结构。

(8)H-I 段支护剖面

基坑东南角，现地面标高取 42.90 m，基底标高 21.35 m，支护深度 21.55 m，在已施

工桩内侧 -10 m 平台施工 Φ800@1400 护坡桩,顶标高为 32.90 m,桩身 2 道预应力锚杆。

(9)I-J 段支护剖面

基坑东南角,现地面标高取 42.90 m,基底标高 21.35 m,支护深度 21.55 m,采用桩锚支护,护坡桩 Φ800@1200,5 道预应力锚杆;区域原护坡桩已施工完毕,锚杆已施工上部三道。因开挖加深,已施工支护结构不能使用,在基坑外侧新施工护坡桩和锚杆;原有支护桩清除时不能碰撞、损害新施工支护结构。

(10)J-K 段支护剖面

基坑南侧,现地面标高取 42.90 m,基底标高 21.65 m,支护深度 20.25 m,采用上部 1.2 m 土钉墙+下部桩锚支护,护坡桩 Φ1000@1500,5 道预应力锚杆;区域原护坡桩已施工完毕,需施工 5 道预应力锚杆。

(11)K-L 段支护剖面

基坑南侧,现地面标高取 42.90 m,基底标高 21.65 m,支护深度 20.25 m,采用上部 1.2 m 土钉墙+下部桩锚支护,护坡桩 Φ1000@1500,5 道预应力锚杆。

(12)L-M 段支护剖面

基坑南侧,现地面标高取 42.90 m,基底标高 21.65 m,支护深度 20.25 m,采用上部 1.2 m 土钉墙+下部桩锚支护,护坡桩 Φ1000@1400,5 道预应力锚杆。区域大部分护坡桩已施工。

(13)M-P、P-Q 段支护剖面

基坑西南角,现地面标高取 42.90 m,基底标高 21.65 m,支护深度 20.25 m,采用护坡桩+内支撑支护,护坡桩 Φ1000@1400。

(14)N-O 段支护剖面

基坑西侧,现地面标高取 42.90 m,基底标高 22.25 m,支护深度 20.65 m,采用双排桩+三道锚杆支护,双排护坡桩 Φ1200@1600,排桩间距 3000 mm。

(15)O-A 段支护剖面

基坑西侧,现地面标高取 42.90 m,基底标高 19.35 m,支护深度 23.55 m,采用双排桩+三道锚杆支护,双排护坡桩 Φ1200@1600,排桩间距 3000 mm。

说明:① 各区段基坑实际支护深度应按照绝对标高进行控制;② 设计考虑到大面深度的支护方式,局部加深部位支护方式在施工组织设计中自行考虑,可采用设置降水井处理地下水。

3.2.5　拟建基坑桩锚支护施工设计

场地地面高程约 42.9 m,基坑开挖深度 20.25~23.55 m。根据《建筑基坑支护技术规程》(JGJ 120—2012)相关条目,确定拟建项目所有支护剖面安全等级均为一级。根据现地面标高、基底标高、周边环境、工程地质及水文地质条件不同,设计分为 15 个支护剖面,紧邻地铁区间及出入口侧主要涉及 P-Q、N-O、O-A 剖面,剖面安全等级均为一

级：① P-Q 段支护剖面：基坑西南角，现地面标高取 42.90 m，基底标高 21.65 m，支护深度 20.25 m，采用护坡桩+内支撑支护，护坡桩 Φ1000@1400；② N-O 段支护剖面：基坑西侧，现地面标高取 42.90 m，基底标高 22.25 m，支护深度 20.65 m，采用双排桩+三道锚杆支护，双排护坡桩 Φ1200@1600，排桩间距 3000 mm；③ O-A 段支护剖面：基坑西侧，现地面标高取 42.90 m，基底标高 19.35 m，支护深度 23.55 m，采用双排桩+三道锚杆支护，双排护坡桩 Φ1200@1600，排桩间距 3000 mm（见图 3.2）。

图 3.2　基坑平面布置图

3.3　越冬基坑土体冻融与防治措施

支护桩顶尽可能放坡，放坡高度至少大于当地标准冻深；设计锚杆时自由段长度考虑冻深要求，适当降低锚杆锁定力；加强腰梁刚度，桩间土采用钢筋网片喷射混凝土防护并与桩牢固连接，桩间喷护混凝土厚度适当加大；现场根据具体情况在桩后冻深范围内有滞水存在的部位设置泄水孔和卸压孔，卸压孔的体积占冻土层的体积比不宜小于30%。

管线破裂、紧邻建筑物构筑物变形防范措施：① 按照监测规范标准和设计文件进行变形监测。② 监测值达到报警标准及时进行处理。③ 按照当地主管部门要求对紧邻管线、建筑物构筑物进行预先保护加固。项目基坑支护设计图纸：图 3.3 至图 3.19 为支护剖面图，图 3.20 和 3.22 为支护结构细部节点详图。

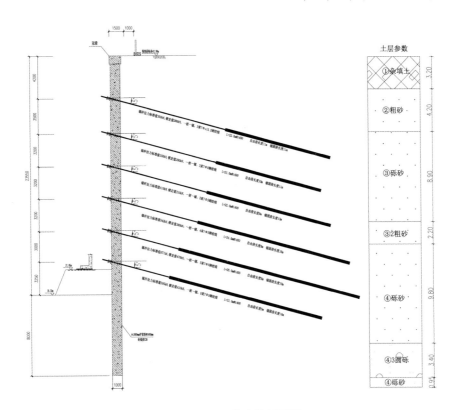

图 3.3　A-B 段支护剖面图

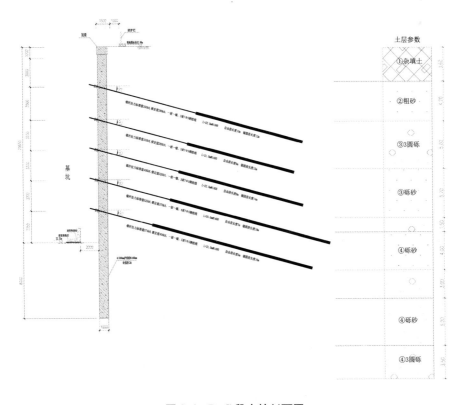

图 3.4　B-C 段支护剖面图

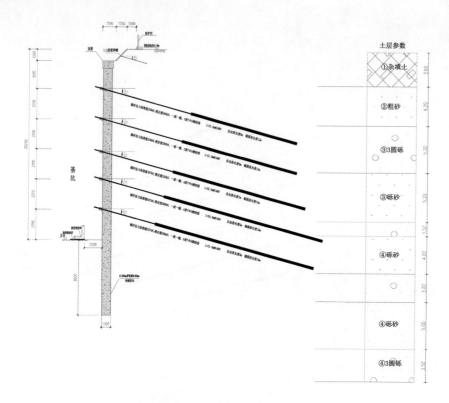

图 3.5　C-D 段支护剖面图

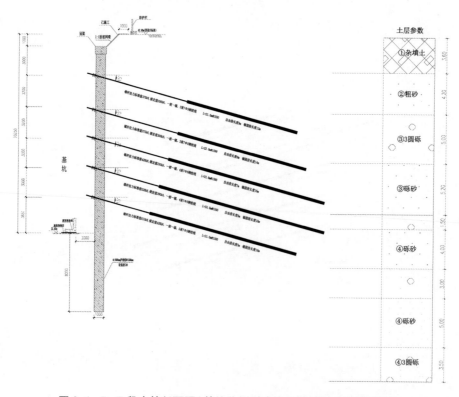

图 3.6　D-E 段支护剖面图(基坑北侧对应原设计桩号 A831-A855)

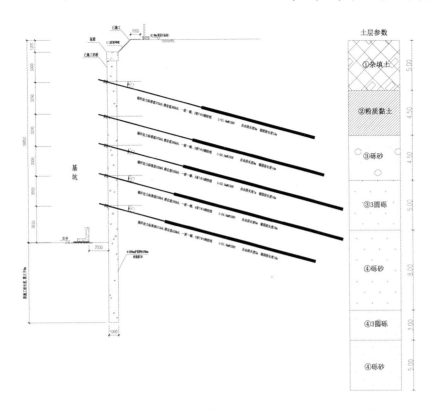

图 3.7 D–E 段支护剖面图(基坑东侧对应原设计桩号 a1–a81)

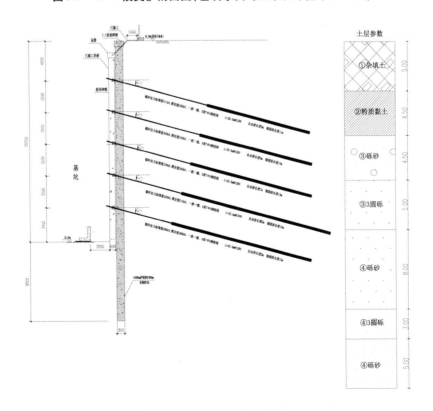

图 3.8 E–F 段支护剖面图

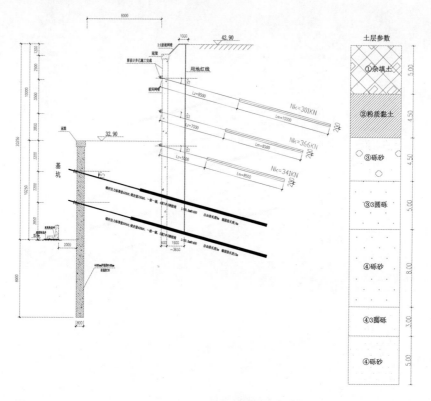

图 3.9　F-G 段支护剖面图

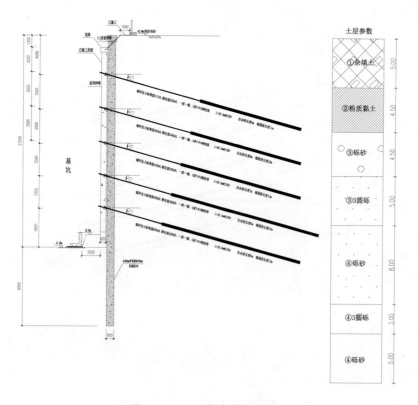

图 3.10　G-H 段支护剖面图

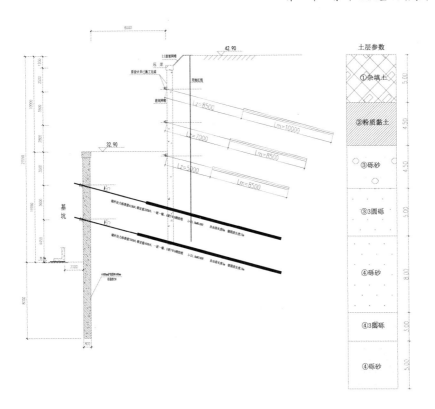

图 3.11　H-I 段支护剖面图

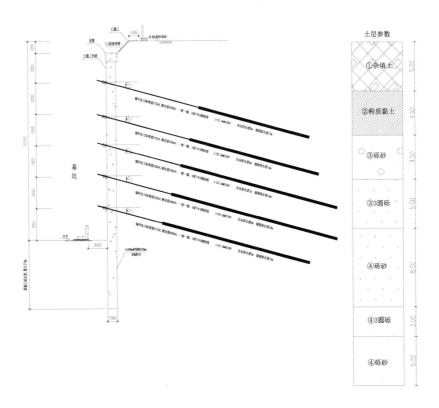

图 3.12　I-J 段支护剖面图

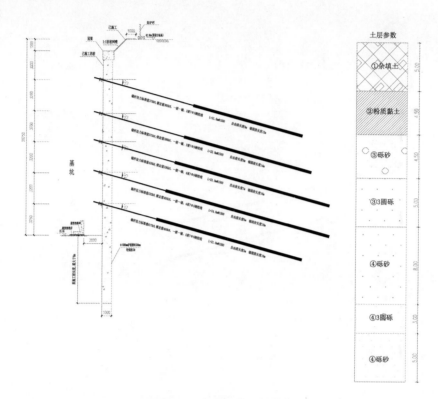

图 3.13　J-K 段支护剖面图

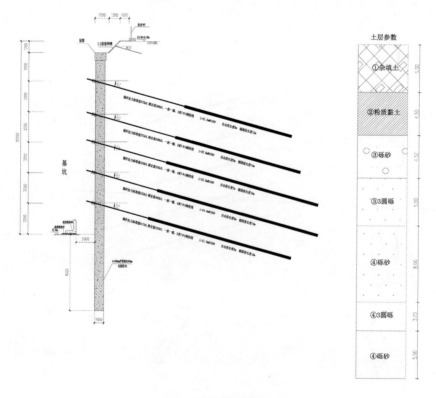

图 3.14　K-L 段支护剖面图

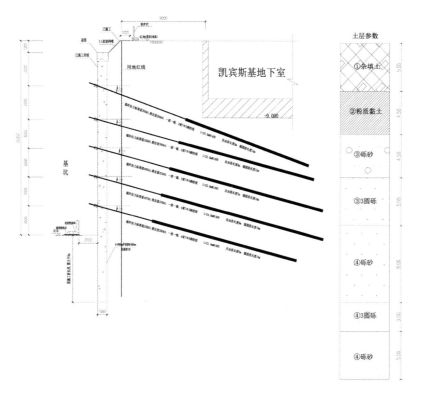

图 3.15　L-M 段支护剖面图

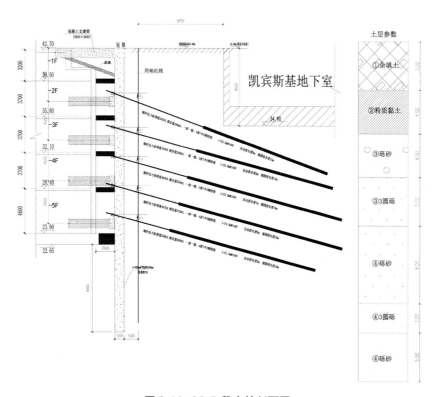

图 3.16　M-P 段支护剖面图

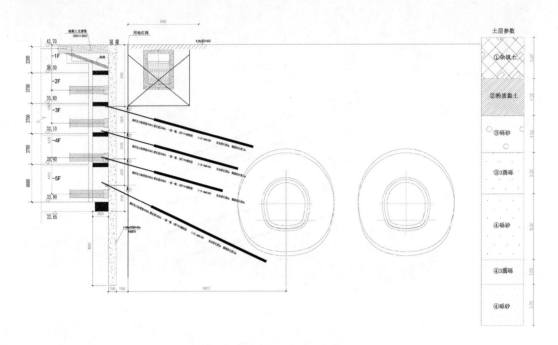

图 3.17　P-Q 段支护剖面图

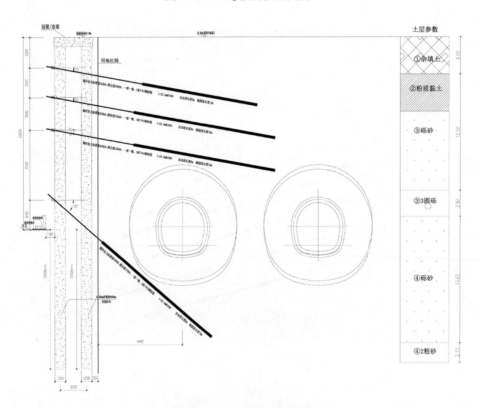

图 3.18　N-O 段支护剖面图

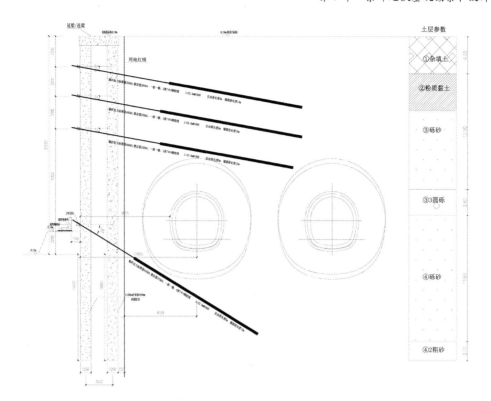

图 3.19　O-A 段支护剖面图

拟建工程与既有地铁位置关系：基坑围护结构外边缘距离地铁某站车站主体结构最小水平净距 21.7 m，紧邻基坑侧车站底板埋深约为 22.2 m，位于基坑底以下约 1.9 m。地铁站出入口结构外边缘与基坑围护桩外轮廓最小水平净距 7.7 m，紧邻基坑附近出入口底板最大埋深约 7.0 m，位于基坑底以上约 13.0 m。地铁某两车站区间结构外边缘与拟建基坑围护桩外轮廓最小水平净距约为 6.0 m，区间结构底板最大埋深约 22.5 m，位于拟建基坑底以上约 1.0 m。拟建基坑及既有地铁结构位置关系如图 3.20 至图 3.22 所示。

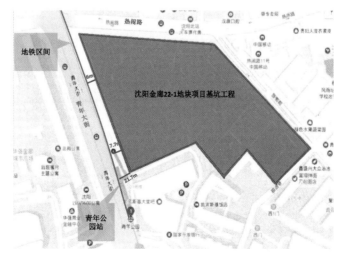

图 3.20　位置关系平面图

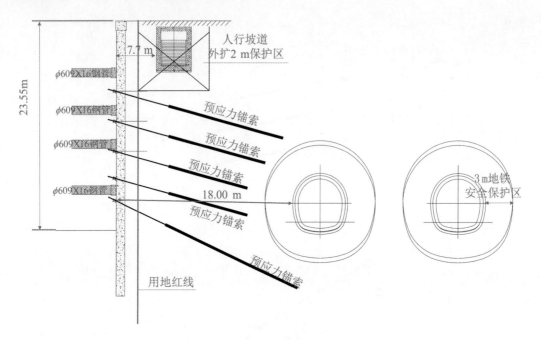

图 3.21　位置关系剖面图(一)

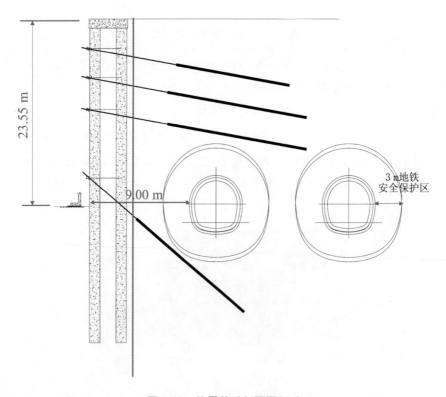

图 3.22　位置关系剖面图(二)

3.4　基坑开挖支护与降水、抗浮

3.4.1　基坑开挖支护

工程地下室 4 层，砌置深度为 23.0 m，预计基坑开挖深度为 25.0 m。按《建筑基坑支护技术规程》(JGJ 120—2012)规定，基坑工程安全等级为一级。基坑开挖时需考虑支护问题。该项目场地西侧、北侧紧邻街道，南侧紧邻高层既有建筑物，不具备自然放坡条件。基坑开挖建议采用排桩加锚索(杆)支护体系，桩间挂网喷射混凝土。排桩可采用压灌桩或旋挖钻孔灌注桩。具体施工时在临街区域主要应查清地下管线、地下光缆等设施，对相邻建筑物区域应查明建筑物基础形式及基础底板埋深或桩位平面布置等，据此来合理安排锚索(杆)的锚固位置、锚固间距、锚固深度等。锚杆的极限黏结强度标准值见表 3.2，支护桩参数见表 3.3。

表 3.2　锚杆的极限黏结强度标准值

地层	一次常压注浆 q_{sk}/kPa	二次压力注浆 q_{sk}/kPa
杂填土①	20	22
粗砂②	150	190
中砂②1	50	70
砾砂③	220	260
中粗砂③2	190	235
圆砾③3	220	260
砾砂④	260	290
中粗砂④2	190	235
圆砾④3	260	290

① 为了获得更准确的锚杆抗拔力，建议锚杆施工完成后进行抗拔实验，以获取更准确的计算参数，节约建筑成本。② 如采用泥浆护壁成孔工艺，建议折减系数为 0.8。③ 当锚杆锚固段长度大于 16 m 时，建议折减系数为 0.8。

需特别注意的是，场地西侧选择下方有地铁运行，由地铁工程的工程地质及水文地质详细勘察资料查得，地铁在此区域埋深底标高约为 +19.00 m，顶标高约为 +29.00 m，标高区间为拟建项目基坑开挖深度标高内，锚索(杆)施工时应特别注意查清地铁的埋深和与拟建场地的距离，控制锚索(杆)长度，防止意外。

表 3.3　支护桩参数

地　层	黏聚力/kPa	内摩擦角/(°)	重度/(kN/m³)	螺旋钻孔压灌桩		旋挖钻孔灌注桩(D=1.0 m)		后压浆提高系数	
				桩端阻力特征值/kPa	桩侧阻力特征值/kPa	桩端阻力特征值/kPa	桩侧阻力/kPa	桩侧提高系数	桩端提高系数
杂填土①	15.0	9.0	17.5		−8.0		−8.0		
粗砂②		34.5	19.0		23.0		19.0		
中砂②1		32.0	18.5		17.0		14.0		
黏土②2	27.5	14.2	18.2		28.0		23.0		
砾砂③		37.0	19.5		32.0		28.0		
粉质黏土③1	33.1	14.9	19.7		33.0		27.0		
中粗砂③2		36.0	19.5		32.0		29.0		
中圆砾③3		38.5	20.5		55.0		45.0		
中砾砂④		38.5	20.5	2600.0	35.0	1400.0	30.0	2.2	
中粗砂④2		38.0	20.5		33.0		30.0	2.0	
圆砾④3		42.0	21.0		73.0		60.0	2.5	
含黏性土圆砾⑤				3500.0	63.0	2100.0	60.0	1.7	2.6

注：抗拔系数按0.6考虑。

3.4.2　基坑降水

场地地下水在勘察期间的潜水稳定水位为+6.3～+12.1 m，标高为+32.87～+33.53 m。基坑开挖过程中需进行施工降水，降水方案可采用管井井点降水方法。含水层的渗透系数可按90 m/d采用。有条件时应进行抽水实验，确定准确的渗透系数。降水前应调查、评估周边市政排水设施是否完整，是否有能力输送排走项目的施工降水。为防止施工降水产生不利影响，建议井点降水时应减缓降水速度，均匀排水，减少地下水对含水层的潜蚀作用，应连续抽水，避免间歇和反复抽水。降水过程中宜对紧邻高层建筑物和周边市政设施、支护体系进行沉降及变形观测，确保建筑物和周边市政施设、支护体系的正常使用。

3.4.3　抗浮设计

根据场区周边多年前区域水文地质资料，建议场地抗浮设计水位标高按+37.50 m考虑。高层建筑自重大，可满足抗浮要求，地库宜采用抗拔桩解决抗浮稳定问题，抗拔桩类型可采用螺旋钻孔压灌桩，持力层为含黏性土圆砾⑤，抗拔桩的折减系数为0.6。

3.4.4　地下水处理

根据甲方提供的周边环境资料及岩土工程勘察报告,工程基坑开挖深度范围内受第一层潜水地下水的影响,工程采用管井井点进行地下水处理。紧邻地铁和酒店一侧配合防抽砂帷幕桩进行处理。

管井设计:降水管井施工直径 $\Phi600$,无砂混凝土滤管直径 $\Phi400$,回填滤料采用粒径 2~10 mm 级配碎石,抽水管井间距约 16 m,井深 40.00 m,降水井轴线距离支护结构上口线约 1.50 m,在施工位置冲突时经报设计单位批准后可适当调整。在降水井中间设计渗井和备用井,主要用于穿透隔水层渗水,在实际水位与勘察水位变化较大、实际水量较大、抽水水位降低缓慢时启用作为备用井抽水使用。渗井和备用井井深 26.00 m,井间距 16 m。

降水井运行时必须严格控制出砂量,要求管井出水含砂量(体积比)开始抽水半小时内小于 1/20000,半小时后管井正常运行时小于 1/50000,单井出水量不小于 1200 m^3/d。根据地区经验降水井采用其他井身结构时,保证出水含砂量和单井出水量应严格满足上述要求。

为避免抽水出砂对西侧地铁和南侧酒店造成不利影响,在靠近酒店和地铁一侧设计防抽砂旋喷帷幕桩,防抽砂帷幕桩布置 $\Phi650@400$,要求施工垂直度偏差小于 1%,能有效搭接防止抽水砂层流失。邻地铁侧设计帷幕桩深度 29 m,邻酒店侧帷幕桩深度 21 m;帷幕桩施工后必须按照相关规范标准中止水帷幕施工质量验收标准进行检测验收;防抽砂帷幕桩:水泥掺量为 20%,要求 28 天无侧限抗压强度不低于 1.5 MPa,采用 42.5 级水泥。

降水井成井施工遇地下浅埋建筑垃圾等障碍物无法施工时,需先挖除地下障碍物,再施工降水井;局部降水井深部遇障碍物无法施工时,经报设计单位同意后可采用适当移位或加深相邻井深度的方式进行处理。

3.4.5　基坑降水井工程

根据提供的结构设计图纸,建筑物±0.000~+42.70 m。工程采用管井降水处理地下水。降水后地下水位须到基底以下不小于 0.5 m。根据甲方提供的周边环境资料及补勘岩土工程勘察报告,工程基坑开挖深度范围内受第一层潜水地下水的影响,水位埋深约6.5~9.5 m,工程采用管井降水进行地下水处理。紧邻地铁和酒店一侧设置防抽砂帷幕桩(见图 3.23)。

(1)管井设计

井编号单数为抽水管井,双数为渗井和备用井,A-C 剖面因空间有限,不设计渗井和备用井。

图例:
◎ 降水井

现地面标高按42.90m考虑
(±0.000=42.700)
基底标高-20.05m(22.65m)

图 3.23 基坑降水井工程

(2)降水井运行

根据施工单位现场测量反馈和建设单位意见,部分降水井因与围挡、电线杆冲突无法施工,因此将 JS01~JS13 井、JS79~JS81 井移到基坑内侧肥槽内或基坑内,降水井位于基础结构以内时,施工单位需编制完善的后期井口封堵方案。

第4章 基坑开挖支护工程监测

4.1 基坑桩锚支护施工监测设计

基坑开挖及结构施工期间，应按照《建筑基坑工程监测技术标准》（GB 50497—2019）、《建筑基坑支护技术规程》（JGJ 120—2012）以及当地建委和地铁等相关文件要求，做好基坑支护结构及周边重要建筑物的变形监测工作。项目按一级基坑进行监测（见图4.1）。

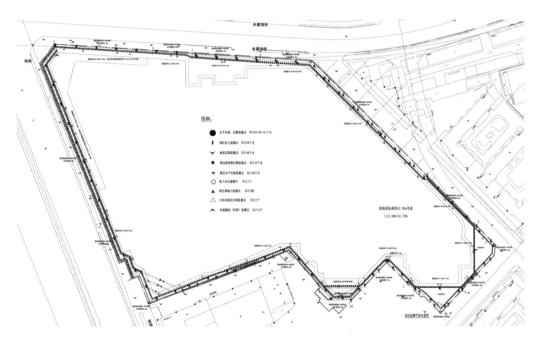

图4.1 基坑桩锚支护施工监测设计平面布置图

（1）位移观测

支护结构位移观测点布置在护坡桩冠梁顶边缘和土钉墙翻边边缘稳固部位，位移观测点水平间距15 m。周边环境变形监测选取紧邻40 m范围内重要建筑物邻基坑侧布点观测。项目基坑南侧紧邻现有建筑物，按规范要求布设点位并进行观测。周边地面、道路布置沉降位移观测点，项目周边 30 m 范围涉及地面、主要市政道路等，设在坑边中部或其他有代表性的部位并结合布点可行性进行观测。支护结构深层水平位移采用护坡桩身埋设测斜管进行观测。

（2）锚杆内力监测

对多层锚杆支护结构，在同一剖面的每层锚杆上设置测点。每层锚杆的内力监测点数量应为该层锚杆总数的 1%~3%，并不应少于 3 根。各层监测点位置在竖向上宜保持一致。每根杆体上的测试点设置在锚头附近和受力有代表性的位置。基坑每面选取不少于三组从上至下对锚杆应力进行监测。

（3）管线监测点的布置

① 应根据管线修建年份、类型、材料、尺寸及现状等情况，确定监测点设置。② 监测点宜布置在管线的节点、转角点和变形曲率较大的部分，监测点平面间距宜为 15 m，并宜延伸至基坑边缘以外 1~3 倍基坑开挖深度范围内的管线。③ 供水、煤气、暖气等压力管线宜设置直接监测点，在无法埋设直接监测点的部分，可设置间接监测点。

（4）支撑内力监测点的布置

① 监测点宜设置在支撑内力较大或在整个支撑系统中起控制作用的杆件上。② 每层支撑的内力监测点不应少于 3 个，各层支撑的监测点位置在竖向上宜保持一致。③ 钢支撑的监测截面宜选择在两支点间 1/3 部位或支撑的端头；混凝土支撑的监测截面宜选择在两支点间 1/3 部位，并避开节点位置。④ 每个监测点截面内传感器的设置数量及布置应满足不同传感器测试要求。立柱的竖向位移监测点宜布置在基坑中部、多根支撑交汇处、地质条件复杂处的立柱上。监测点不应少于立柱总根数的 5%，逆作法施工的基坑不应少于 10%，且均不应少于 3 根。立柱的内力监测点宜布置在受力较大的立柱上，位置宜设在坑底以上各层立柱下层的 1/3 部位。

（5）坑底隆起（回弹）监测点的布置

① 监测点宜按纵向或横向剖面布置，剖面宜选择在基坑的中央以及其他反映变形特征的位置，剖面数量不应少于 2 个。② 同一剖面上监测点横向间距宜为 10~30 m，数量不应少于 3 个。

综上所述，利用观测井对地下水位进行观测，按要求记录水位变化。基坑支护和周边建筑物监测工作、观测时间自基坑开挖持续至基坑肥槽回填为止。基坑回填前应注意对基坑四周定期进行安全巡视，及时发现周边地面或建筑物的变化情况，以便调整施工参数，确保基坑安全。坑中坑监测参照上述要求根据相关规范按不同的安全等级进行。

4.2　基坑工程监测点的布置

基坑工程监测点的布置应不妨碍各方正常工作，尽量减少对施工作业的不利影响。监测标志应稳固、明显、结构合理，监测点的位置应避开障碍物，便于观测。在监测对象内力和变形变化大的代表性部位及周边重点监护部位，监测点应适当加密。应加强对监测点的保护。

（1）支护结构水平、竖向位移监测

基坑支护结构护坡桩顶部的水平位移和竖向位移监测点应沿基坑周边布置，在护坡桩顶周边中部、阳角处应布置监测点。监测点间距不宜大于 20 m，每边监测点数目不应少于 3 个，监测点宜设置在冠梁上。

（2）支护结构深层水平位移

基坑支护结构深层水平位移监测孔宜布置在基坑周边的中心处及代表性的部位，数量和间距视具体情况而定，但每边至少应设 1 个监测孔。

（3）锚杆轴向拉力监测

锚杆的拉力监测点应选择在受力较大且有代表性的位置，基坑每边跨中部位和地质条件复杂的区域应布置监测点。每层锚杆的拉力监测点数量应为该层锚杆总数的 1%～3%，并不应少于 3 根，每层监测点在竖向上的位置宜保持一致，每根杆体上的测试点应设置在锚头附近位置。

（4）地下水位监测

地下水位监测点应沿基坑周边、被保护对象（如建筑物、地下管线等）周边或在两者之间布置，监测点间距宜为 20～50 m，宜布置在帷幕桩外侧约 2 m 处。

（5）周边建筑物监测

建（构）筑物的竖向位移监测点布置应符合下列要求：① 建（构）筑物四角、沿外墙每 10～15 m 处或每隔 2～3 根柱基上，且每边不少于 3 个监测点。② 不同地基或基础的分界处。③ 建（构）筑物不同结构的分界处。④ 变形缝、抗震缝或严重开裂处的两侧。

建（构）筑物的水平位移监测点应布置在建筑物的墙角、柱基及裂缝的两端，每侧墙体的监测点不应少于 3 处。

建（构）筑物倾斜监测点应符合下列要求：① 监测点宜布置在建（构）筑物角点、变形缝或抗震缝两侧的承重柱或墙上。② 监测点应沿主体顶部、底部对应布设，上、下监测点应布置在同一竖直线上。

（6）基坑周边地表沉降监测

布置范围宜为基坑深度的 1～3 倍，监测剖面宜设在坑边中部或其他有代表性的部位，并与坑边垂直，监测剖面数量视具体情况确定，每个监测剖面上的监测点数量不宜少于5个。

（7）管线监测

① 应根据管线修建年份、类型、材料、尺寸及现状等情况，确定监测点设置。

② 监测点宜布置在管线的节点、转角点和变形曲率较大的部分，监测点平面间距宜为15 m，并宜延伸至基坑边缘以外1~3倍基坑开挖深度范围内的管线。

③ 供水、煤气、暖气等压力管线宜设置直接监测点，在无法埋设直接监测点部分，可设置间接监测点。

（8）支撑内力监测

① 监测点宜设置在支撑内力较大或在整个支撑系统中起控制作用的杆件上。

② 每层支撑的内力监测点不应少于3个，各层支撑的监测点位置在竖向上宜保持一致。

③ 钢支撑的监测截面宜选择在两支点间1/3部位或支撑的端头；混凝土支撑的监测截面宜选择在两支点间1/3部位，并避开节点位置。

④ 每个监测点截面内传感器的设置数量及布置应满足不同传感器测试要求。

（9）立柱监测

立柱的竖向位移监测点宜布置在基坑中部、多根支撑交汇处、地质条件复杂处的立柱上。监测点不应少于立柱总根数的5%，逆作法施工的基坑不应少于10%，且均不应少于3根。立柱的内力监测点宜布置在受力较大的立柱上，位置宜设在坑底以上各层立柱下层的1/3部位。

（10）坑底隆起(回弹)监测

① 监测点宜按纵向或横向剖面布置，剖面宜选择在基坑的中央以及其他反映变形特征的位置，剖面数量不应少于2个。

② 同一剖面上监测点横向间距宜为10~30 m，数量不应少于3个。

（11）巡视检查

检查内容有地表、支护结构等有无裂缝及其出现的位置、发生时间，地面发生鼓胀、沉降的位置、形态、面积、幅度及发生时间等。

4.3　监测频率

各监测项目、监测频率按照《建筑基坑工程监测技术标准》(GB 50497—2019)执行（见表4.1）。

表 4.1　各监测项目、监测频率表

施工进度		基坑设计深度/m			
		<5	5~10	10~15	>15
开挖深度/m	<5	1 次/1 d	1 次/2 d	1 次/2 d	1 次/2 d
	5~10	—	1 次/1 d	1 次/1 d	1 次/1 d
	>10	—	—	2 次/1 d	2 次/1 d
底板浇筑后时间/d	<7	1 次/1 d	1 次/1 d	2 次/1 d	2 次/1 d
	7~14	1 次/3 d	1 次/2 d	1 次/1 d	1 次/1 d
	14~28	1 次/5 d	1 次/3 d	1 次/2 d	1 次/1 d
	>28	1 次/7 d	1 次/5 d	1 次/3 d	1 次/3 d

4.4　监测管理与应急措施

　　监测点严格按照规范要求设置，各监测点做好保护，保证起始数据及过程监测数据可靠，监测频率必须按设计及相关规范、标准执行，数据及时整理并传递给甲方及设计单位，以便掌握基坑及周围环境稳定情况。特别强调，邻地铁部位的监测指标控制值要求，在常规监测控制标准基础上，必须首先满足地铁方对变形值的控制要求。具体指标为：邻地铁部位水平位移和竖向位移均不超过 20 mm，桩顶上浮不超过 10 mm。

　　基坑开挖或抽水引起地面不均匀沉降、监测指标达到预警值时，应停止基坑开挖和抽水，分析原因实施处理措施后方能继续施工。地铁和建筑物变形、基坑变形和锚杆应力等关键监测指标达到控制值时，应立即停止所有施工，根据基坑和建筑物整体安全情况考虑反压、增加锚杆数量、增加支撑、顶部卸载或其他有效措施进行处理。基坑侧壁渗水较大时，应安排专人进行疏导、封堵并对砂层流失进行处理。基坑坑底出现涌水时，应在涌水部位采取抽水减压、注浆加固或采用混凝土反压等措施。突降暴雨时，应安排专人不间断观察基坑的安全稳定情况（见表 4.2）。

表4.2 各监测项目、监测频率监测预警

监测项目		基坑剖面类别（一级）												
		A-B段剖面	B-C段剖面	C-D段剖面	D-E段剖面	E-F段剖面	F-G段剖面 K-L段剖面	G-H段剖面 I-J段剖面	H-I段剖面	J-K段剖面	L-M段剖面	M-N段剖面	N-O段剖面	O-A段剖面
		控制值［累计值/mm，变化速率/（mm/d）］												
桩锚支护	桩顶水平位移	48, 3	41, 3	44, 3	40, 3	40, 3	43, 3	43, 3	40, 3	40, 3	40, 3	20, 3	20, 3	20, 3
	桩顶竖向位移	20, 3	20, 3	20, 3	20, 3	20, 3	20, 3	20, 3	20, 3	20, 3	20, 3	20, 3	20, 3	20, 3
	周边地面沉降	30, 3	30, 3	30, 3	30, 3	30, 3	30, 3	30, 3	30, 3	30, 3	30, 3	30, 3	20, 3	20, 3
	锚杆应力	$\not< 0.5f_锁$ 或 $\not> 1.2R_k$（$f_锁$、R_k 分别为锚杆的锁定力和锚杆的极限抗拔承载力标准值）												
	深层水平位移	50, 3	50, 3	50, 3	50, 3	50, 3	50, 3	50, 3	50, 3	50, 3	50, 3	—	20, 3	20, 3
土钉墙按三级控制	坡顶水平位移	70, 15	70, 15	70, 15	70, 15	—	70, 15	—	70, 15	70, 15	70, 15	—	—	—
	坡顶竖向位移	70, 8	70, 8	70, 8	70, 8	—	70, 8	—	70, 8	70, 8	70, 8	—	—	—
	周边地面沉降	—	—	—	—	—	—	—	—	—	—	—	—	—
临近建（构）筑物		按照《建筑地基基础设计规范》（GB 50007—2011）执行												
管线位移		30, 3												
坑底隆起		30, 3												

注：监测预警值可取控制值的80%。

4.5 监测范围及监测断面布设

某两车站区间及某车站轨行区左右线监测范围一致，监测里程为DK10+738～DK10+972。综合考虑设计图纸及评估报告，DK10+738～DK10+972段每10 m设1处监测断面，区间、车站衔接处设置差异沉降监测断面，共设25个监测断面；某车站测B出入口监测范围约30 m，每5 m设1处监测断面，共设7个监测断面。隧道内道床水平位移及竖向位移监测点埋设于道床的线路中线上，结构侧壁竖向位移监测点与道床测点位于同一里程埋设，各监测断面横断面布置情况如表 4.3、表 4.4 所示。

表 4.3　地铁某两车站区间及某车站左右线监测断面布置表

监测断面	对应地铁区间里程	备注
ZJZ1	DK10+648	基准点
ZJZ2、YJZ1	DK10+678	基准点
ZJZ3、YJZ2	DK10+708	基准点
DM01	DK10+738	监测断面
DM02	DK10+748	监测断面
DM03	DK10+758	监测断面
DM04	DK10+768	监测断面
DM05	DK10+778	监测断面
DM06	DK10+788	监测断面
DM07	DK10+798	监测断面
DM08	DK10+808	监测断面
DM09	DK10+818	监测断面
DM10	DK10+828	监测断面
DM11	DK10+838	监测断面
DM12	DK10+848	监测断面
DM13	DK10+858	监测断面
DM14	DK10+868	监测断面
DM15	DK10+878	监测断面
DM16	DK10+888	监测断面
DM17	DK10+898	监测断面
DM18	DK10+908	监测断面
DM19	DK10+918	监测断面
DM20	DK10+928	监测断面
DM21	DK10+938	监测断面
DM22	DK10+952	监测断面
DM23	DK10+961	不同结构之间差异沉降监测断面
DM24	DK10+962	
DM25	DK10+972	监测断面
ZJZ4、YJZ3	DK11+002	基准点
ZJZ5、YJZ4	DK11+032	基准点
ZJZ6	DK11+062	基准点

表 4.4　地铁某车站 B 出入口监测断面布置表

监测断面	对应地铁区间里程	备注
JZ7	—	基准点
JZ8	—	基准点
JZ9	—	基准点
DM26	—	监测断面

表4.4(续)

监测断面	对应地铁区间里程	备注
DM27	—	监测断面
DM28	—	监测断面
DM29	—	监测断面
DM30	—	监测断面
DM31	—	监测断面
DM32	—	监测断面

4.6 监测安全控制标准及预报警管理

根据当地《地铁工务检修规程》要求,为保证施工安全,提前及时预警,项目根据实际情况,结合安全评估报告,控制值按如下标准选取:

① 结构水平位移及竖向位移监测累计变化量控制值为±5 mm。

② 道床水平位移及竖向位移监测累计变化量控制值为±5 mm。

③ 轨道几何形态控制值为−2～+4 mm。

④ 断面收敛累计变化量控制值为±4 mm。

⑤ 差异沉降控制值为4 mm/10 m。

⑥ 各项监测指标变化速率控制值为1 mm/d。

⑦ 巡视过程中发现的其他异常情况。

根据当地《地铁集团有限公司地铁工程监控量测管理办法》第三十条"地铁集团有限公司地铁工程监测预警分为黄色预警、橙色预警和红色预警三个级别。监测预警均为双控指标。当变化值达到控制值的相应指标时采取相关措施"(见表4.5)。

表 4.5 工程监测预警分级标准表

预警级别	预警状态描述
黄色预警	变形监测的绝对值和速率值双控指标均达到控制值的70%;或双控指标之一达到控制值的85%
橙色预警	变形监测的绝对值和速率值双控指标均达到控制值的85%;或双控指标之一达到控制值
红色预警	变形监测的绝对值和速率值双控指标均达到控制值

当地《地铁结构安全保护技术标准》"预警等级划分及管理措施"如表4.6所示。

表 4.6 监测预警等级划分及应对管理措施表

预警等级	监测比值 G	应对管理措施
A	$G<0.6$	可正常进行外部作业
B	$0.6 \leqslant G \leqslant 0.8$	监测报警,并采取加密监测点或提高监测频率等措施加强对城市轨道交通结构的监测
C	$0.8 \leqslant G \leqslant 1.0$	应暂停外部作业,进行过程安全评估工作,各方共同制定相应的安全保护措施,并经组织审查后,开展后续工作
D	$1.0 \leqslant G$	启动安全应急预案

◤◤ 4.7　地铁保护监测数据曲线成果

　　该项目基坑临近地铁侧 2020 年 7 月 15 日开始桩基础施工(见图 4.2),桩基础施工工期约 1.5 个月。主要开始进行某两车站区间左、右线道床水平,竖向位移,断面收敛,轨道几何形态,B 出入口监测报表等工作。

图 4.2　基坑西侧(临近地铁侧)打桩

　　(1)2020 年 9 月 24 日监测

　　① 监测概况:于 2020 年 6 月 20 日至 7 月 14 日进行了自动化监测前期准备工作、设备安装调试以及自动化设备试运行,并于 7 月 15 日正式启动左线自动化跟踪监测,具体作业时间:6 月 20 日购置监测棱镜 100 个、基准点大棱镜 6 个、控制箱 1 个;6 月 23 日加工仪器安装支架、棱镜安装支架等系统安装固件;6 月 27 日准备系统设备,包括:工控机 1 台、无线路由 1 台、温度气压各一只;6 月 28 日—7 月 10 日完成监测点、控制箱等设备的安装固定和系统供电布线等工作;放置一台 Leica TM50 仪器,并进行系统调试。截至 7 月 15 日,设备系统运行正常,自 7 月 15 日零时起正式实施自动化跟踪监测数据采集。项目自动化监测系统主要对地铁某两车站区间左线监测点位进行持续性监测,经设计院项目总工复核后确定了自动化监测各监测点位的初始值数据。后续监测成果均以监测周期 19 期成果作为参考进行数据变化比对分析。

　　② 监测结论:自动化监测周期自 2020 年 9 月 17 日至 2020 年 9 月 24 日,自动化监测报表 94 期至 100 期。监测数据最大累计变化量情况统计:各监测点点位变形量 DX(隧道里程方向)最大累计变化量为 -0.46 mm,对应监测点位 DM08-2;DY(向基坑一侧水平位移)最大累计变化量为 0.45 mm,对应监测点位 DM11;DZ(竖向位移)最大累计变化量为 -0.43 mm,对应监测点位 DM18-3。根据整体监测数据分析,隧道内各监测点水平及竖向位移(DX、DY、DZ)累计变化量整体较小(±1 mm 以内),无趋势性变形,属观测误差,区间隧道监测数据基本稳定。

　　③ 现场施工进度:项目基坑临近地铁侧于 2020 年 7 月 15 日开始桩基础施工,共计 245 根围护桩(总计 301 根),截至 9 月 24 日累计完成围护桩施工 122 根。

　　(2)2020 年 10 月 29 日监测

　　① 现场施工进度:项目基坑临近地铁侧于 2020 年 7 月 15 日开始桩基础施工,临近地铁侧共计 245 根围护桩(总计 301 根),截至 10 月 29 日围护桩施工 241 根。

　　② 2020 年 10 月 29 日各断面监测点累计水平位移变形曲线图如图 4.3 所示。

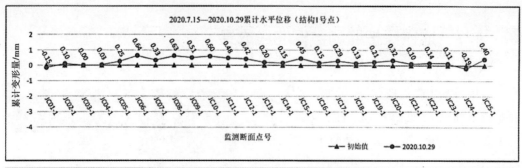

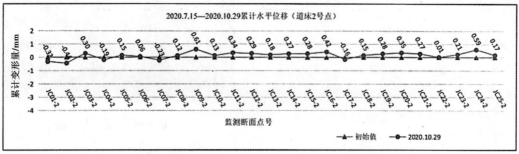

图 4.3 监测点累计水平位移变形曲线图（2020 年 10 月 29 日）

③ 2020 年 10 月 29 日各断面监测点累计竖向位移变形曲线图如图 4.4 所示。

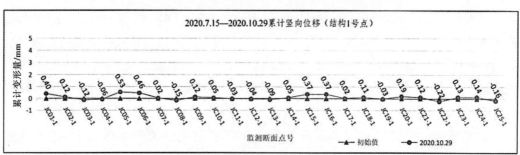

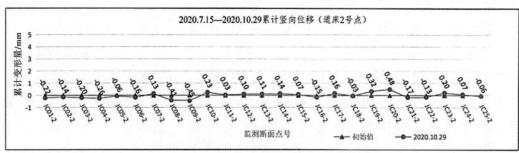

图 4.4 监测点累计竖向位移变形曲线图（2020 年 10 月 29 日）

（3）2020 年 11 月 26 日监测

① 监测结论：自动化监测周期自 2020 年 11 月 20 日至 2020 年 11 月 26 日，自动化监测报表 158 期至 164 期。监测数据最大累计变化量情况统计：各监测点点位变形量 DX

(隧道里程方向)最大累计变化量为 0.76 mm,对应监测点位 DM02-4;DY(向基坑一侧水平位移)最大累计变化量为 0.74 mm,对应监测点位 DM18-1;DZ(竖向位移)最大累计变化量为 0.67 mm,对应监测点位 DM09-4。根据目前整体监测数据分析,隧道内各监测点水平及竖向位移(DX、DY、DZ)累计变化量整体较小(±1 mm 以内),无趋势性变形,属观测误差,区间隧道监测数据基本稳定。

② 现场施工进度:项目基坑 I 靠近地铁侧于 2020 年 7 月 15 日开始桩基础施工,临近地铁侧共计 245 根围护桩(总计 301 根),截至 11 月 19 日围护桩施工全部完成。沿地铁一侧约 60 m 宽土方整体未开挖,基坑已开挖部分开挖深度 19 m(如图 4.5 所示)。

图 4.5　围护桩施工全部完成

③ 2020 年 11 月 26 日各断面监测点累计水平位移变形曲线图如图 4.6 所示。

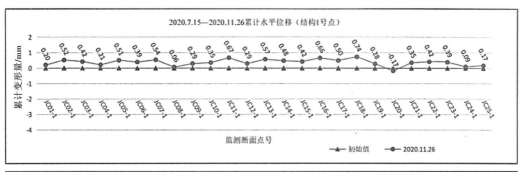

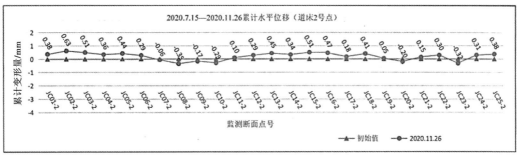

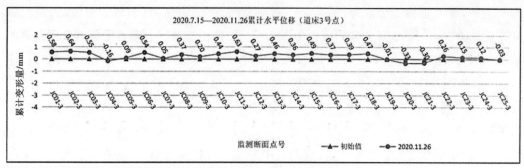

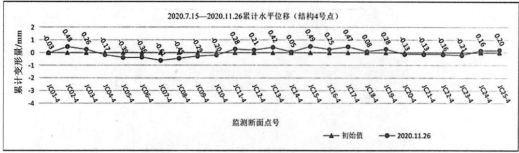

图 4.6　监测点累计水平位移变形曲线图（2020 年 11 月 26 日）

④ 2020 年 11 月 26 日各断面监测点累计竖向位移变形曲线图如图 4.7 所示。

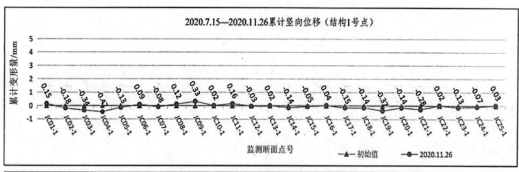

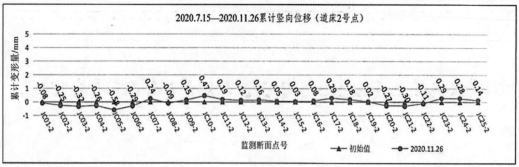

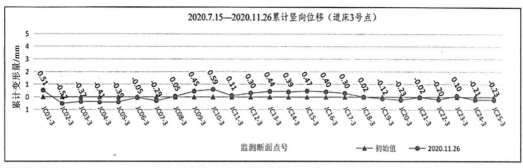

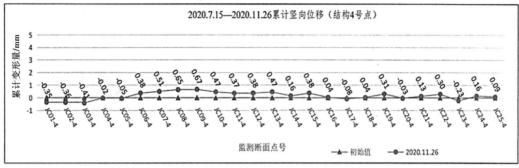

图 4.7 监测点累计竖向位移变形曲线图(2020 年 11 月 26 日)

(4)2020 年 12 月 31 日监测

① 监测结论:自动化监测周期自 2020 年 12 月 25 日至 2020 年 12 月 31 日,自动化监测报表 193 期至 199 期。监测数据最大累计变化量情况统计:各监测点点位变形量 DX(隧道里程方向)最大累计变化量为 0.87 mm,对应监测点位 DM25-2;DY(向基坑一侧水平位移)最大累计变化量为 0.76 mm,对应监测点位 DM11-1;DZ(竖向位移)最大累计变化量为 0.69 mm,对应监测点位 DM10-4。根据目前整体监测数据分析,隧道内各监测点水平及竖向位移(DX、DY、DZ)累计变化量整体较小(±1 mm 以内),无趋势性变形,属观测误差,区间隧道监测数据基本稳定。

② 现场施工进度:项目基坑临近地铁侧于 2020 年 7 月 15 日开始桩基础施工,临近地铁侧共计 245 根围护桩(总计 301 根),截至 11 月 19 日围护桩施工全部完成。沿地铁一侧约 60 m 宽土方整体未开挖,基坑已开挖部分开挖深度 19 m。

③ 现场巡视:自动化作业的同时,对左、右线道床及结构进行了现场巡视,现场无渗漏水、无裂缝,监测点位无遮挡、无破坏。

④ 2020 年 12 月 31 日左线各断面监测点累计水平位移变形曲线如图 4.8 所示。

⑤ 2020 年 12 月 31 日左线各断面监测点累计竖向位移变形曲线如图 4.9 所示。

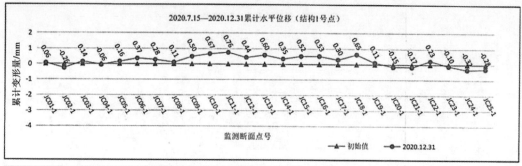

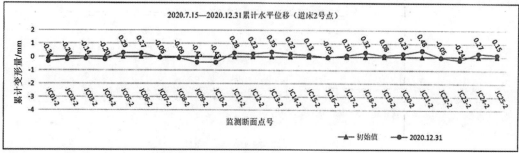

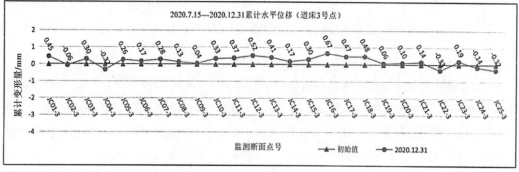

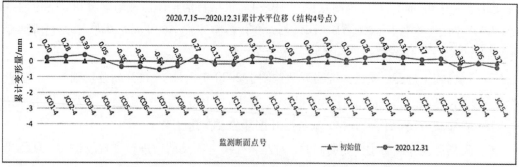

图 4.8　监测点累计水平位移变形曲线图(2020 年 11 月 26 日)

(5)2021 年 1 月 28 日监测

① 监测结论:自动化监测周期自 2021 年 1 月 22 日至 2021 年 1 月 28 日,自动化监测报表 221 期至 227 期。监测数据最大累计变化量情况统计:各监测点点位变形量 DX (隧道里程方向)最大累计变化量为 0.85 mm,对应监测点位 DM13-4;DY(向基坑一侧水平位移)最大累计变化量为 0.81 mm,对应监测点位 DM11-1;DZ(竖向位移)最大累

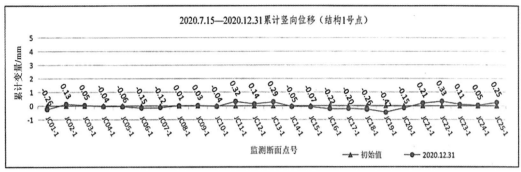

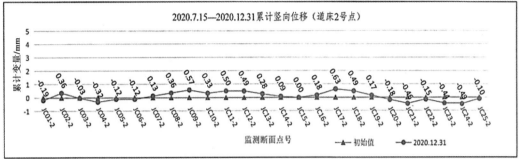

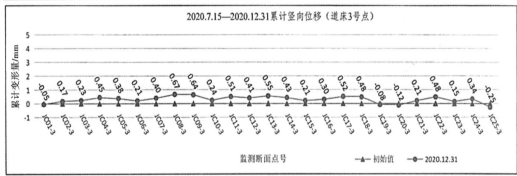

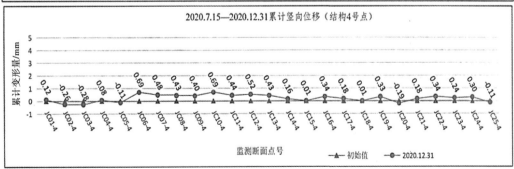

图 4.9　监测点累计竖向位移变形曲线图（2020 年 12 月 31 日）

计变化量为 0.76 mm，对应监测点位 DM11-4。根据目前整体监测数据分析，隧道内各监测点水平及竖向位移（DX、DY、DZ）累计变化量整体较小（±1 mm 以内），无趋势性变形，属观测误差，区间隧道监测数据基本稳定。

② 现场施工进度：项目基坑临近地铁侧于 2020 年 7 月 15 日开始桩基础施工，临近

地铁侧共计 245 根围护桩(总计 301 根),截至 11 月 19 日围护桩施工全部完成。沿地铁一侧约 60 m 宽土方整体未开挖,基坑已开挖部分开挖深度 19 m。项目已停工。

③ 现场巡视:自动化作业的同时,对左、右线道床及结构进行了现场巡视,现场无渗漏水、无裂缝,监测点位无遮挡、无破坏。

④ 2021 年 1 月 28 日左线各断面监测点累计水平位移变形曲线图如图 4.10 所示。

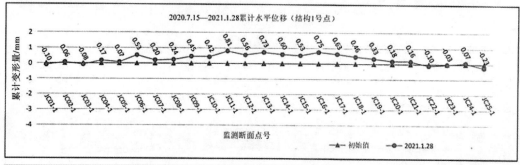

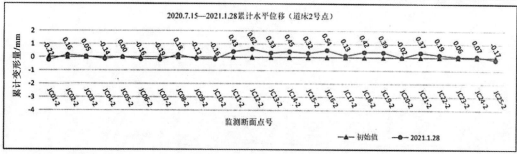

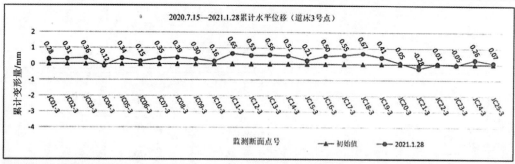

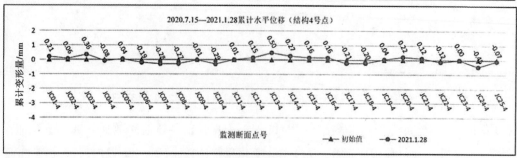

图 4.10　监测点累计水平位移变形曲线图(2021 年 1 月 28 日)

⑤ 2021 年 1 月 28 日左线各断面监测点累计竖向位移变形曲线图如图 4.11 所示。

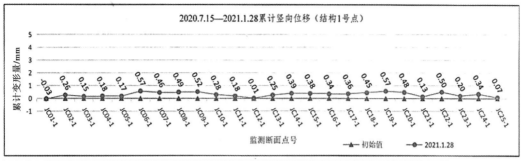

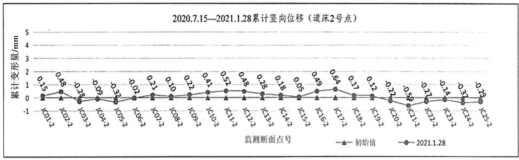

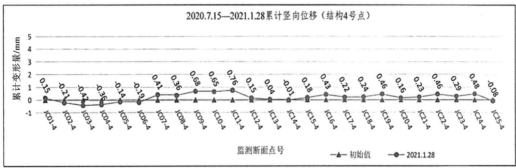

图 4.11　监测点累计竖向位移变形曲线图(2021 年 1 月 28 日)

(6)2021 年 2 月 25 日监测

① 监测结论：自动化监测周期自 2021 年 2 月 19 日至 2021 年 2 月 25 日，自动化监测报表 249 期至 255 期。监测数据最大累计变化量情况统计：各监测点点位变形量 DX（隧道里程方向）最大累计变化量为 1.01 mm，对应监测点位 DM06-4；DY（向基坑一侧

水平位移)最大累计变化量为 0.96 mm,对应监测点位 DM15-1;DZ(竖向位移)最大累计变化量为 1.26 mm,对应监测点位 DM12-2。根据目前整体监测数据分析,隧道内各监测点水平及竖向位移(DX、DY、DZ)累计变化量整体较小(±2 mm 以内),无趋势性变形,属观测误差,区间隧道监测数据基本稳定。

② 现场施工进度:项目基坑临近地铁侧于 2020 年 7 月 15 日开始桩基础施工,临近地铁侧共计 245 根围护桩(总计 301 根),截至 11 月 19 日围护桩施工全部完成。沿地铁一侧约 60 m 宽土方整体未开挖,基坑已开挖部分开挖深度 19 m。计划 3 月中旬开始地铁侧冠梁施工和土方开挖(如图 4.12 所示)。

图 4.12 现场情况(2021 年 2 月 25 日)

③ 现场巡视:自动化作业的同时,对左、右线道床及结构进行了现场巡视,现场无渗漏水、无裂缝,监测点位无遮挡、无破坏。

④ 2021 年 2 月 25 日左线各断面监测点累计水平位移变形曲线图如图 4.13 所示。

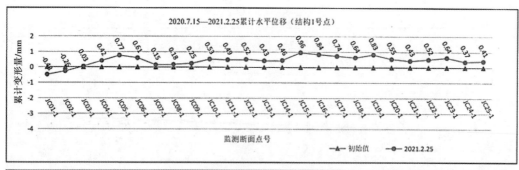

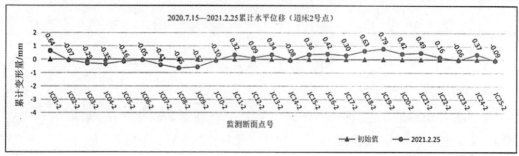

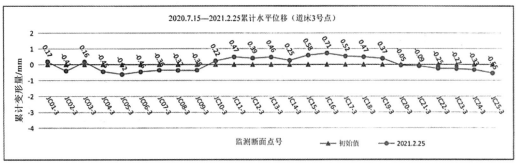

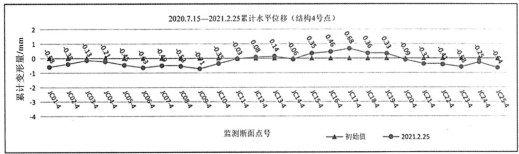

图 4.13 监测点累计水平位移变形曲线图(2021 年 2 月 25 日)

⑤ 2021 年 2 月 25 日左线各断面监测点累计竖向位移变形曲线图如图 4.14 所示。

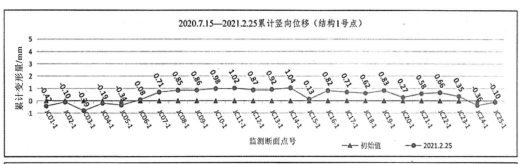

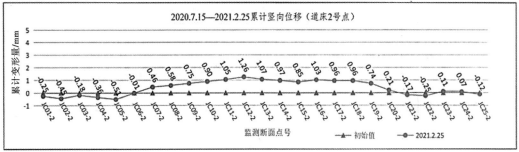

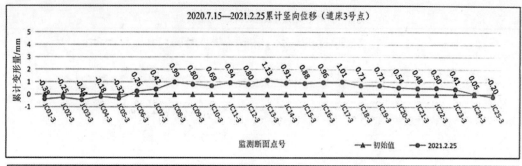

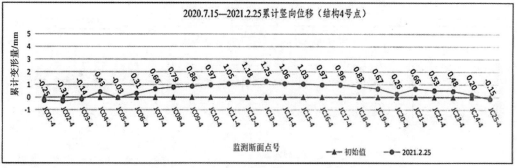

图 4.14　监测点累计竖向位移变形曲线图（2021 年 2 月 25 日）

（7）2021 年 3 月 25 日监测

① 监测结论：自动化监测周期自 2021 年 3 月 18 日至 2021 年 3 月 25 日，自动化监测报表 306 期至 326 期。监测数据最大累计变化量情况统计：各监测点点位变形量 DX（隧道里程方向）最大累计变化量为 1.33 mm，对应监测点位 DM06-3；DY（向基坑一侧水平位移）最大累计变化量为 0.94 mm，对应监测点位 DM17-3；DZ（竖向位移）最大累计变化量为 1.57 mm，对应监测点位 DM10-

1。根据目前整体监测数据分析，隧道内各监测点水平及竖向位移（DX、DY、DZ）累计变化量整体较小（±2 mm 以内），无趋势性变形，属观测误差，区间隧道监测数据基本稳定。

② 现场施工进度：项目基坑临近地铁侧于 2020 年 7 月 15 日开始桩基础施工，临近地铁侧共计 245 根围护桩（总计 301 根），截至 11 月 19 日围护桩施工全部完成。沿地铁一侧

图 4.15　现场情况（2021 年 3 月 25 日）

约 60 m 宽土方整体未开挖，基坑已开挖部分开挖深度 20 m，3 月 5 日临近地铁侧开始进行冠梁施工。

③ 现场巡视：自动化作业的同时，对左、右线道床及结构进行了现场巡视，现场无渗漏水、无裂缝，监测点位无遮挡、无破坏（如图 4.15 所示）。

④ 2021 年 3 月 25 日左线各断面监测点累计水平位移变形曲线图如图 4.16 所示。

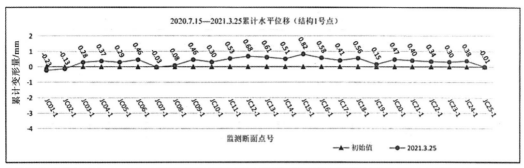

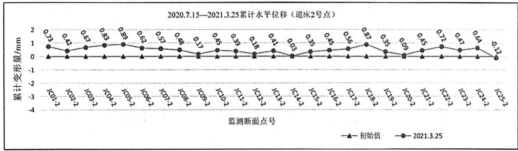

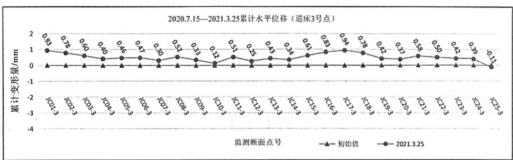

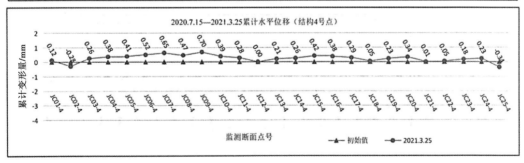

图 4.16　监测点累计水平位移变形曲线图(2021 年 3 月 25 日)

⑤ 2021 年 3 月 25 日左线各断面监测点累计竖向位移变形曲线图如图 4.17 所示。

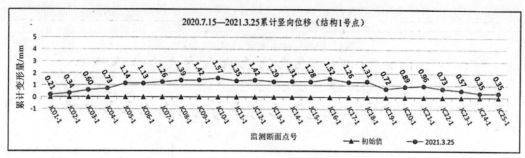

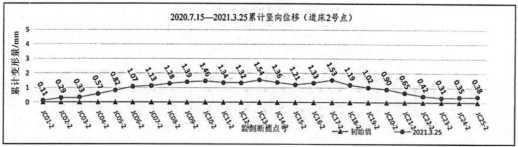

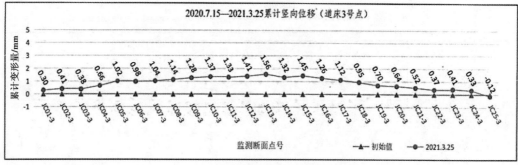

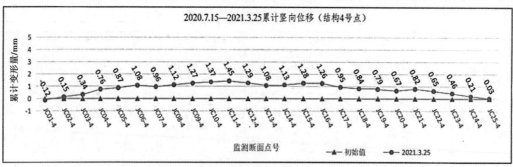

图 4.17　监测点累计竖向位移变形曲线图（2021 年 3 月 25 日）

（8）2021 年 4 月 29 日监测

① 监测结论：自动化监测周期自 2021 年 4 月 22 日至 2021 年 4 月 29 日，自动化监测报表 411 期至 432 期。监测数据最大累计变化量情况统计：各监测点点位变形量 DX（隧道里程方向）最大累计变化量为 0.88 mm，对应监测点位 DM15-2；DY（向基坑一侧水平位移）最大累计变化量为 1.13 mm，对应监测点位 DM15-1；DZ（竖向位移）最大累计变化量为 1.64 mm，对应监测点位 DM13-3。根据目前整体监测数据分析，隧道内各

监测点水平及竖向位移(DX、DY、DZ)累计变化量整体较小(±2 mm 以内),无趋势性变形,属观测误差,区间隧道监测数据基本稳定。

② 现场施工进度:项目基坑临近地铁侧于 2020 年 7 月 15 日开始桩基础施工,临近地铁侧共计 245 根围护桩(总计 301 根),截至 11 月 19 日围护桩施工全部完成。2021 年 3 月 5 日临近地铁侧开始进行冠梁施工,局部施工完成;4 月 7 日,沿地铁一侧基坑西侧土方开挖(开挖深度约为 7 m),基坑东侧底板混凝土施工(如图 4.18 所示)。

图 4.18　现场情况(2021 年 4 月 29 日)

③ 现场巡视:自动化作业的同时,对左、右线道床及结构进行了现场巡视,现场无渗漏水、无裂缝,监测点位无遮挡、无破坏。

④ 2021 年 4 月 29 日左线各断面监测点累计水平位移变形曲线图如图 4.19 所示。

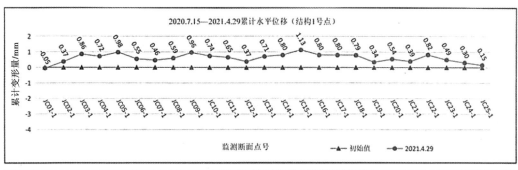

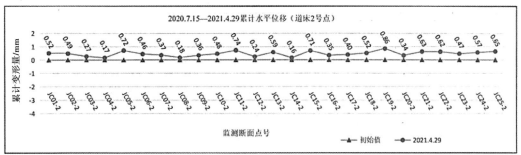

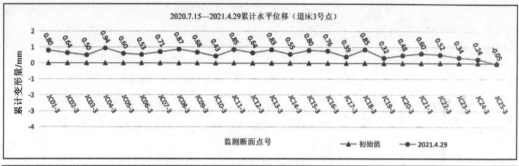

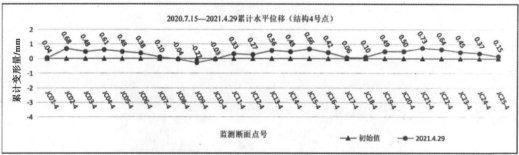

图4.19　监测点累计水平位移变形曲线图(2021年4月29日)

⑤ 2021年4月29日左线各断面监测点累计竖向位移变形曲线图如图4.20所示。

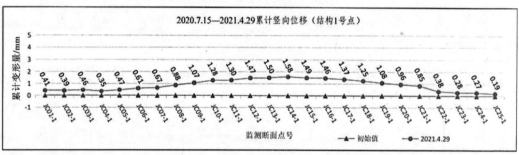

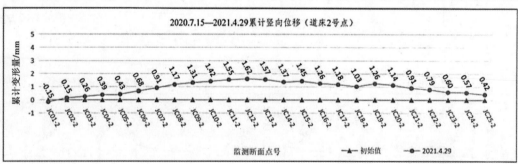

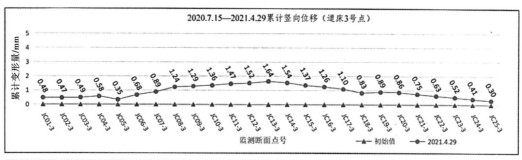

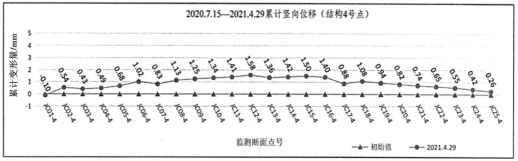

图4.20 监测点累计竖向位移变形曲线图(2021年4月29日)

⑥ 2021年4月27日现场施工进度情况。2020年7月15日至11月19日项目基坑临近地铁侧共计245根围护桩施工完成(总计301根),2021年3月5日临近地铁侧开始进行冠梁施工,局部施工完成;4月7日,沿地铁一侧基坑西侧土方开挖,开挖深度7m,基坑工程东侧底板混凝土施工,如表4.7所列。

表4.7 监测主要数据汇总表(2021年4月27日)

位　置	部　位	累计变化最大点号	累计变化量/mm	报警点数量	报警百分率
某两车站区间轨行区左线	左线道床水平位移	ZDM10	0.6	0	0
	左线道床竖向位移	ZDM14	1.0	0	0
	左线结构竖向位移	ZDM15-1	1.1	0	0
	左线轨距	ZDM13	0.4	0	0
	左线轨道高差	ZDM12	0.5	0	0
某两车站区间轨行区右线	右线道床水平位移	YDM10	0.6	0	0
	右线道床竖向位移	YDM13	0.6	0	0
	右线结构竖向位移	YDM12-1	0.8	0	0
	右线轨距	YDM16	0.4	0	0
	右线轨道高差	YDM18	0.5	0	0
	右线断面净空收敛	YSL17	0.6	0	0
某车站B出入口	B出入口水平位移	CRK4-1	0.5	0	0
	B出入口竖向位移	CRK4-1	0.6	0	0

⑦ 左、右线道床和结构水平、竖向位移如图 4.21 所示。

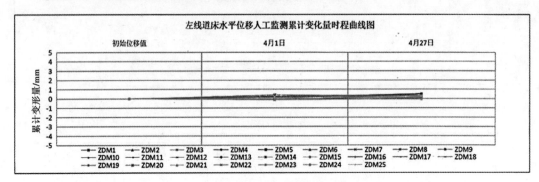

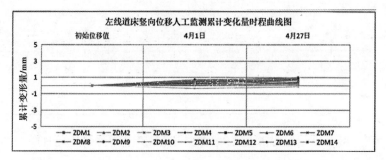

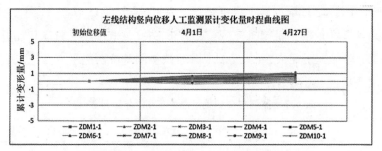

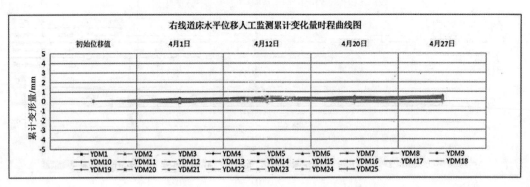

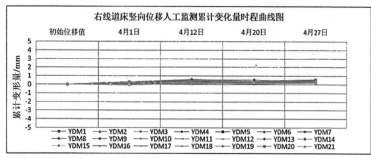

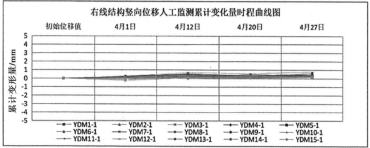

图 4.21　左、右线道床和结构水平、竖向位移（2021 年 4 月 27 日）

⑧ 断面收敛如表 4.8 所列。

表 4.8　右线断面净空收敛监测初始值成果表（2021 年 4 月 27 日）

监测点号	初始测值/m	上次测值/m	本次测值/m	本次变化值/mm	累计变化值/mm	变化速度/（mm/d）
YSL1	4.6878	4.6878	4.6878	0.0	0.0	0.0
YSL2	4.7059	4.7062	4.7064	0.2	0.5	0.0
YSL3	4.6879	4.6879	4.6877	−0.2	−0.2	0.0
YSL4	4.6884	4.6885	4.6885	0.0	0.1	0.0
YSL5	4.6839	4.6838	4.6835	−0.3	−0.4	0.0
YSL6	4.6613	4.6613	4.6611	−0.2	−0.2	0.0
YSL7	4.6841	4.6843	4.6846	0.3	0.5	0.0
YSL8	4.6960	4.6963	4.6961	−0.2	0.1	0.0
YSL9	4.6875	4.6876	4.6874	−0.2	−0.1	0.0
YSL10	4.6916	4.6917	4.6914	−0.3	−0.2	0.0
YSL11	4.6474	4.6477	4.6478	0.1	0.4	0.0
YSL12	4.6861	4.6862	4.6864	0.2	0.3	0.0
YSL13	4.6928	4.6927	4.6925	−0.2	−0.3	0.0
YSL14	4.6824	4.6822	4.6820	−0.2	−0.4	0.0
YSL15	4.6704	4.6704	4.6702	−0.2	−0.2	0.0

表4.8(续)

监测点号	初始测值/m	上次测值/m	本次测值/m	本次变化值/mm	累计变化值/mm	变化速度/(mm/d)
YSL16	4.6472	4.6473	4.6474	0.1	0.2	0.0
YSL17	4.6542	4.6545	4.6548	0.3	0.6	0.0
YSL18	4.6686	4.6690	4.6691	0.1	0.5	0.0
YSL19	5.1057	5.1058	5.1058	0.0	0.1	0.0
YSL20	4.8469	4.8468	4.8469	0.1	0.0	0.0
YSL21	4.6363	4.6363	4.6365	0.2	0.2	0.0
YSL22	4.7219	4.7219	4.7219	0.0	0.0	0.0
YSL23	4.5794	4.5795	4.5793	-0.2	-0.1	0.0
YSL24	4.5563	4.5566	4.5568	0.2	0.5	0.0
YSL25	4.1407	4.1408	4.1405	-0.3	-0.2	0.0

⑨ 轨道几何形态如表4.9和表4.10所列。

表4.9　左线轨道几何形态监测初始值成果表(2021年4月27日)

监测点号	初始值/mm	上次测值/mm	本次测值/mm	本次沉降值/mm	累计沉降值/mm	沉降速度/(mm/d)	备注
ZDM1	1435.5	1435.6	1435.7	0.1	0.2	0.0	轨距
ZDM2	1434.2	1434.2	1434.4	0.2	0.2	0.0	轨距
ZDM3	1434.9	1434.7	1434.6	-0.1	-0.3	0.0	轨距
ZDM4	1434.5	1434.4	1434.6	0.2	0.1	0.0	轨距
ZDM5	1435.1	1435.2	1435.4	0.2	0.3	0.0	轨距
ZDM6	1437.3	1437.5	1437.5	0.0	0.2	0.0	轨距
ZDM7	1437.8	1437.8	1437.9	0.1	0.1	0.0	轨距
ZDM8	1435.9	1435.8	1435.7	-0.1	-0.2	0.0	轨距
ZDM9	1435.2	1435.0	1435.0	0.0	-0.2	0.0	轨距
ZDM10	1435.6	1435.5	1435.3	-0.2	-0.3	0.0	轨距
ZDM11	1436.3	1436.4	1436.3	-0.1	0.0	0.0	轨距
ZDM12	1436.2	1436.4	1436.3	-0.1	0.1	0.0	轨距
ZDM13	1436.6	1436.9	1437.0	0.1	0.4	0.0	轨距
ZDM14	1436.7	1436.8	1436.8	0.0	0.1	0.0	轨距
ZDM15	1435.1	1435.1	1435.3	0.2	0.2	0.0	轨距
ZDM16	1436.2	1436.4	1436.5	0.1	0.3	0.0	轨距
ZDM17	1435.9	1435.8	1435.8	0.0	-0.1	0.0	轨距
ZDM18	1436.2	1436.3	1436.2	-0.1	0.0	0.0	轨距
ZDM19	1437.2	1437.2	1437.3	0.1	0.1	0.0	轨距

表4.9(续)

监测点号	初始值/mm	上次测值/mm	本次测值/mm	本次沉降值/mm	累计沉降值/mm	沉降速度/(mm/d)	备注
ZDM20	1438.0	1438.2	1438.2	0.0	0.2	0.0	轨距
ZDM21	1437.8	1437.9	1437.8	−0.1	0.0	0.0	轨距
ZDM22	1435.7	1435.8	1435.9	0.1	0.2	0.0	轨距
ZDM23	1435.2	1435.2	1435.4	0.2	0.2	0.0	轨距
ZDM24	1435.6	1435.8	1435.9	0.1	0.3	0.0	轨距
ZDM25	1434.9	1434.8	1434.9	0.1	0.0	0.0	轨距
ZDM1	−1.4	−1.5	−1.3	0.2	0.1	0.0	高差
ZDM2	0.0	0.1	0.2	0.1	0.2	0.0	高差
ZDM3	0.0	0.0	0.1	0.1	0.1	0.0	高差
ZDM4	0.0	−0.1	0.3	0.4	0.3	0.0	高差
ZDM5	−0.1	0.0	0.2	0.2	0.3	0.0	高差
ZDM6	0.0	0.2	0.3	0.1	0.3	0.0	高差
ZDM7	0.0	0.1	0.4	0.3	0.4	0.0	高差
ZDM8	−0.2	−0.1	0.1	0.2	0.3	0.0	高差
ZDM9	0.0	0.2	0.2	0.0	0.2	0.0	高差
ZDM10	−0.2	−0.2	0.0	0.2	0.2	0.0	高差
ZDM11	−0.2	−0.1	−0.1	0.0	0.1	0.0	高差
ZDM12	−0.3	−0.1	0.2	0.3	0.5	0.0	高差
ZDM13	−0.2	−0.2	0.0	0.2	0.2	0.0	高差
ZDM14	−0.1	−0.2	−0.1	0.1	0.0	0.0	高差
ZDM15	0.0	0.1	0.0	−0.1	0.0	0.0	高差
ZDM16	−0.1	−0.1	−0.2	−0.1	−0.1	0.0	高差
ZDM17	−0.1	0.2	0.0	−0.2	0.1	0.0	高差
ZDM18	0.0	0.1	0.3	0.2	0.3	0.0	高差
ZDM19	−0.1	0.0	0.2	0.2	0.3	0.0	高差
ZDM20	0.0	0.2	0.3	0.1	0.3	0.0	高差
ZDM21	0.0	0.0	0.1	0.1	0.1	0.0	高差
ZDM22	0.0	0.1	0.3	0.2	0.3	0.0	高差
ZDM23	0.0	0.0	−0.1	−0.1	−0.1	0.0	高差
ZDM24	0.0	0.2	0.1	−0.1	0.1	0.0	高差
ZDM25	0.0	−0.1	0.0	0.1	0.0	0.0	高差

表 4.10　右线轨道几何形态监测初始值成果表(2021 年 4 月 27 日)

监测点号	初始值/mm	上次测值/mm	本次测值/mm	本次沉降值/mm	累计沉降值/mm	沉降速度/(mm/d)	备注
YDM1	1434.8	1435.0	1435.0	0.0	0.2	0.0	轨距
YDM2	1436.0	1436.2	1436.3	0.1	0.3	0.0	轨距
YDM3	1435.9	1435.8	1435.9	0.1	0.0	0.0	轨距
YDM4	1435.0	1435.3	1435.3	0.0	0.3	0.0	轨距
YDM5	1435.0	1435.3	1435.2	-0.1	0.2	0.0	轨距
YDM6	1434.4	1434.5	1434.7	0.2	0.3	0.0	轨距
YDM7	1435.7	1435.9	1435.8	-0.1	0.1	0.0	轨距
YDM8	1435.1	1434.9	1434.9	0.0	-0.2	0.0	轨距
YDM9	1434.0	1434.2	1434.2	0.0	0.2	0.0	轨距
YDM10	1436.0	1436.3	1436.2	-0.1	0.2	0.0	轨距
YDM11	1436.0	1436.2	1436.2	0.0	0.2	0.0	轨距
YDM12	1434.8	1434.9	1434.9	0.0	0.1	0.0	轨距
YDM13	1435.5	1435.5	1435.3	-0.2	-0.2	0.0	轨距
YDM14	1435.0	1435.4	1435.3	-0.1	0.3	0.0	轨距
YDM15	1435.1	1435.2	1435.2	0.0	0.1	0.0	轨距
YDM16	1434.2	1434.4	1434.6	0.2	0.4	0.0	轨距
YDM17	1435.1	1435.4	1435.2	-0.2	0.1	0.0	轨距
YDM18	1434.0	1434.1	1434.2	0.1	0.0	0.0	轨距
YDM19	1434.2	1434.1	1434.2	0.1	0.0	0.0	轨距
YDM20	1434.2	1434.3	1434.3	0.0	0.1	0.0	轨距
YDM21	1434.9	1435.4	1435.2	-0.2	0.3	0.0	轨距
YDM22	1434.6	1434.8	1434.7	-0.1	0.1	0.0	轨距
YDM23	1434.7	1434.8	1434.8	0.0	0.1	0.0	轨距
YDM24	1434.1	1434.3	1434.3	0.0	0.2	0.0	轨距
YDM25	1434.0	1434.1	1434.1	0.0	0.1	0.0	轨距
YDM1	-6.1	-6.3	-6.5	-0.2	-0.4	0.0	高差
YDM2	-6.0	-6.2	-6.1	0.1	-0.1	0.0	高差
YDM3	-4.6	-4.5	-4.6	-0.1	0.0	0.0	高差
YDM4	-3.1	-3.3	-3.4	-0.1	-0.3	0.0	高差
YDM5	-2.1	-2.1	-1.9	0.2	0.2	0.0	高差
YDM6	-0.6	-0.2	-0.4	-0.2	0.0	0.0	高差
YDM7	0.0	0.1	0.2	0.1	0.2	0.0	高差
YDM8	0.1	0.2	0.3	0.1	0.2	0.0	高差
YDM9	0.0	0.3	0.2	-0.1	0.2	0.0	高差

表4.10(续)

监测点号	初始值/mm	上次测值/mm	本次测值/mm	本次沉降值/mm	累计沉降值/mm	沉降速度/(mm/d)	备注
YDM10	0.0	0.0	-0.1	-0.1	-0.1	0.0	高差
YDM11	0.0	0.2	0.1	-0.1	0.1	0.0	高差
YDM12	0.0	0.2	0.1	-0.1	0.1	0.0	高差
YDM13	0.0	0.2	0.4	0.2	0.4	0.0	高差
YDM14	0.1	0.6	0.3	-0.3	0.2	0.0	高差
YDM15	-0.1	0.1	0.2	0.1	0.3	0.0	高差
YDM16	0.0	0.0	0.1	0.1	0.1	0.0	高差
YDM17	0.0	0.1	0.3	0.2	0.3	0.0	高差
YDM18	0.0	0.1	0.5	0.3	0.3	0.0	高差
YDM19	0.0	0.1	0.2	0.1	0.2	0.0	高差
YDM20	0.0	0.2	0.1	-0.1	0.1	0.0	高差
YDM21	0.0	0.4	0.3	-0.1	0.3	0.0	高差
YDM22	0.0	0.3	0.2	-0.1	0.2	0.0	高差
YDM23	0.0	0.1	0.2	0.1	0.2	0.0	高差
YDM24	0.0	0.1	0.2	0.1	0.2	0.0	高差
YDM25	0.0	0.1	0.1	0.0	0.1	0.0	高差

⑩ B 出入口水平、竖向位移如图 4.22 所示。

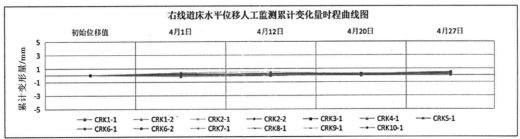

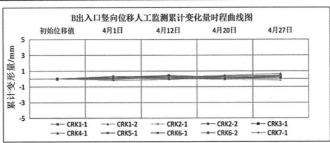

图 4.22　B 出入口水平、竖向位移（2021 年 4 月 27 日）

（9）2021 年 5 月 27 日监测

① 监测结论：自动化监测周期自 2021 年 5 月 20 日至 2021 年 5 月 27 日，自动化监

测报表497期至517期。监测数据最大累计变化量情况统计：各监测点点位变形量 DX （隧道里程方向）最大累计变化量为0.98 mm，对应监测点位 DM03-2；DY（向基坑一侧水平位移）最大累计变化量为1.29 mm，对应监测点位 DM09-3；DZ（竖向位移）最大累计变化量为1.75 mm，对应监测点位 DM13-4。根据目前整体监测数据分析，隧道内各监测点水平及竖向位移（DX、DY、DZ）累计变化量整体较小（±2 mm 以内），无趋势性变形，属观测误差，区间隧道监测数据基本稳定。

② 现场施工进度：项目基坑临近地铁侧于2020年7月15日开始桩基础施工，临近地铁侧共计245根围护桩（总计301根），截至11月19日围护桩施工全部完成。2021年3月5日临近地铁侧开始进行冠梁施工，局部施工完成；4月7日，沿地铁一侧基坑西侧土方开始开挖，局部开挖深度约17 m，8号楼区域 A2A3 第2层锚索腰梁安装完成，C1第4层锚索施工中；3号楼区域 C3C5 第4层内支撑（第3层钢支撑）施工完成；基坑东侧底板施工，如图4.23所示。

图4.23　第二层锚索腰梁安装

③ 现场巡视：自动化作业的同时，对左、右线道床及结构进行了现场巡视，现场无渗漏水、无裂缝，监测点位无遮挡、无破坏（如图4.24所示）。

图4.24　第二层锚索腰梁安装完成

④ 2021 年 5 月 27 日左线各断面监测点累计水平位移变形曲线图如图 4.25 所示。

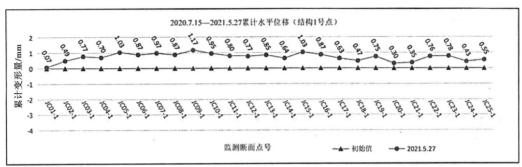

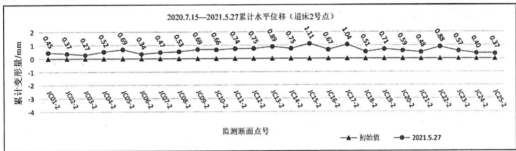

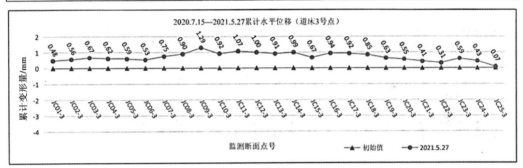

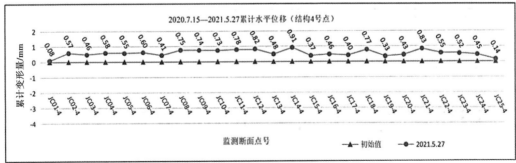

图 4.25 监测点累计水平位移变形曲线图(2021 年 5 月 27 日)

⑤ 2021 年 5 月 27 日左线各断面监测点累计竖向位移变形曲线图如图 4.26 所示。

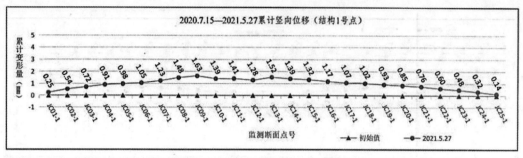

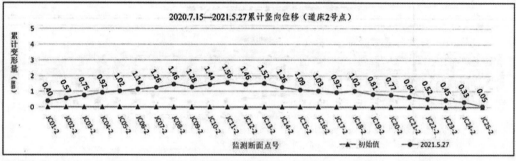

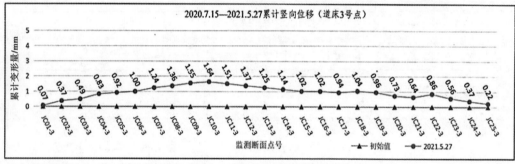

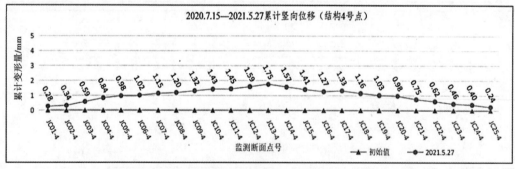

图 4.26　监测点累计竖向位移变形曲线图(2021 年 5 月 27 日)

⑥ 2021 年 5 月 25 日现场施工进度情况。2020 年 7 月 15 日至 11 月 19 日项目基坑临近地铁侧共计 245 根围护桩施工完成(总计 301 根),2021 年 3 月 5 日临近地铁侧开始进行冠梁施工,局部施工完成;4 月 7 日,沿地铁一侧基坑西侧土方开始开挖,局部开挖深度约 17 m,8 号楼区域 A2A3 区域第二层锚索腰梁安装完成,C1 第 4 层锚索施工中;3 号楼区域 C3C5 第 4 层内支撑(第 3 层钢支撑)施工完成;基坑东侧底板施工。如表 4.11

所列。

表 4.11 监测主要数据汇总表(2021 年 5 月 25 日)

位　　置	部　　位	累计变化最大点号	累计变化量/mm	报警点数量	报警百分率
某两车站区间轨行区左线	左线道床水平位移	ZDM10	0.7	0	0
	左线道床竖向位移	ZDM13	1.3	0	0
	左线结构竖向位移	ZDM15-1	1.4	0	0
	左线轨距	ZDM5	0.7	0	0
	左线轨道高差	ZDM7	0.6	0	0
某两车站区间轨行区右线	右线道床水平位移	YDM12	0.9	0	0
	右线道床竖向位移	YDM11	0.8	0	0
	右线结构竖向位移	YDM10-1	0.9	0	0
	右线轨距	YDM18	0.7	0	0
	右线轨道高差	YDM6	0.6	0	0
	右线断面净空收敛	YSL19	0.7	0	0
某车站 B 出入口	B 出入口水平位移	CRK8-1	0.7	0	0
	B 出入口竖向位移	CRK4-1	0.8	0	0

⑦ 左、右线道床和结构水平、竖向位移如图 4.27 所示。

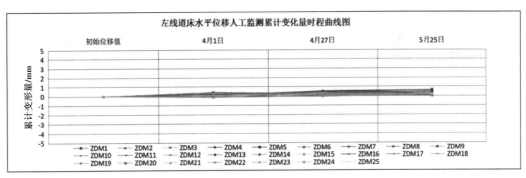

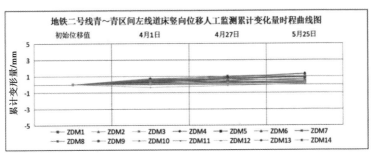

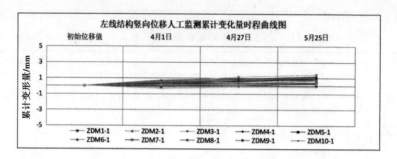

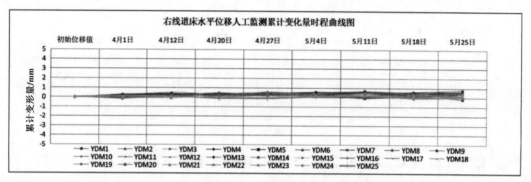

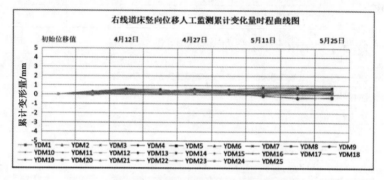

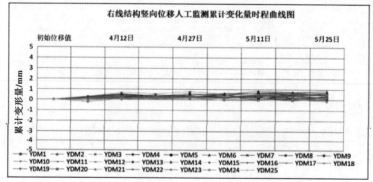

图 4.27 左、右线道床和结构水平、竖向位移(2021 年 5 月 25 日)

⑧ 断面收敛如表 4.12 所列。

表 4.12 右线断面净空收敛监测初始值成果表(2021 年 5 月 25 日)

监测点号	初始值/m	上次测值/m	本次测值/m	本次变化值/mm	累计变化值/mm	变化速度/(mm/d)
YSL1	4.6878	4.6876	4.6873	−0.3	−0.5	0.0
YSL2	4.7059	4.7063	4.7061	−0.2	0.2	0.0
YSL3	4.6879	4.6877	4.6875	−0.2	−0.4	0.0
YSL4	4.6884	4.6887	4.6885	−0.2	0.1	0.0
YSL5	4.6839	4.6838	4.6840	0.2	0.1	0.0
YSL6	4.6613	4.6618	4.6615	−0.3	0.2	0.0
YSL7	4.6841	4.6845	4.6844	−0.1	0.3	0.0
YSL8	4.6960	4.6961	4.6959	−0.2	−0.1	0.0
YSL9	4.6875	4.6876	4.6877	0.1	0.2	0.0
YSL10	4.6916	4.6916	4.6913	−0.3	−0.3	0.0
YSL11	4.6474	4.6477	4.6477	0.0	0.3	0.0
YSL12	4.6861	4.6864	4.6865	0.1	0.4	0.0
YSL13	4.6928	4.6929	4.6929	0.0	0.1	0.0
YSL14	4.6824	4.6821	4.6819	−0.2	−0.5	0.0
YSL15	4.6704	4.6701	4.6702	0.1	−0.2	0.0
YSL16	4.6472	4.6474	4.6471	−0.3	−0.1	0.0
YSL17	4.6542	4.6546	4.6547	0.1	0.5	0.0
YSL18	4.6686	4.6690	4.6688	−0.2	0.2	0.0
YSL19	5.1057	5.1063	5.1064	0.1	0.7	0.0
YSL20	4.8469	4.8474	4.8474	0.0	0.5	0.0
YSL21	4.6363	4.6367	4.6369	0.2	0.6	0.0
YSL22	4.7219	4.7224	4.7222	−0.2	0.3	0.0
YSL23	4.5794	4.5791	4.5792	0.1	−0.2	0.0
YSL24	4.5563	4.5566	4.5567	0.1	0.4	0.0
YSL25	4.1407	4.1405	4.1403	−0.2	−0.4	0.0

⑨ 轨道几何形态,如表 4.13 和表 4.14 所列。

表 4.13 左线轨道几何形态监测初始值成果表(2021 年 5 月 25 日)

监测点号	初始值/mm	上次测值/mm	本次测值/mm	本次沉降值/mm	累计沉降值/mm	沉降速度/(mm/d)	备注
ZDM1	1435.5	1435.7	1435.6	−0.1	0.1	0.0	轨距
ZDM2	1434.2	1434.4	1434.6	0.2	0.4	0.0	轨距
ZDM3	1434.9	1434.6	1434.8	0.2	−0.1	0.0	轨距

表4. 13(续)

监测点号	初始值/mm	上次测值/mm	本次测值/mm	本次沉降值/mm	累计沉降值/mm	沉降速度/(mm/d)	备注
ZDM4	1434. 5	1434. 6	1434. 6	0. 0	0. 1	0. 0	轨距
ZDM5	1435. 1	1435. 4	1435. 8	0. 4	0. 7	0. 0	轨距
ZDM6	1437. 3	1437. 5	1437. 3	−0. 2	0. 0	0. 0	轨距
ZDM7	1437. 8	1437. 9	1437. 8	−0. 1	0. 0	0. 0	轨距
ZDM8	1435. 9	1435. 7	1435. 4	−0. 3	−0. 5	0. 0	轨距
ZDM9	1435. 2	1435. 0	1435. 2	0. 2	0. 0	0. 0	轨距
ZDM10	1435. 6	1435. 3	1435. 0	−0. 3	−0. 6	0. 0	轨距
ZDM11	1436. 3	1436. 3	1436. 7	0. 4	0. 4	0. 0	轨距
ZDM12	1436. 2	1436. 3	1436. 0	−0. 3	−0. 2	0. 0	轨距
ZDM13	1436. 6	1437. 0	1437. 2	0. 2	0. 6	0. 0	轨距
ZDM14	1436. 7	1436. 8	1437. 1	0. 3	0. 4	0. 0	轨距
ZDM15	1435. 1	1435. 3	1435. 0	−0. 3	−0. 1	0. 0	轨距
ZDM16	1436. 2	1436. 5	1436. 4	−0. 1	0. 2	0. 0	轨距
ZDM17	1435. 9	1435. 8	1436. 1	0. 3	0. 2	0. 0	轨距
ZDM18	1436. 2	1436. 2	1436. 1	−0. 1	−0. 1	0. 0	轨距
ZDM19	1437. 2	1437. 3	1437. 1	−0. 2	−0. 1	0. 0	轨距
ZDM20	1438. 0	1438. 2	1437. 9	−0. 3	−0. 1	0. 0	轨距
ZDM21	1437. 8	1437. 8	1437. 8	0. 0	0. 0	0. 0	轨距
ZDM22	1435. 7	1435. 9	1436. 3	0. 4	0. 6	0. 0	轨距
ZDM23	1435. 2	1435. 4	1435. 0	−0. 4	−0. 2	0. 0	轨距
ZDM24	1435. 6	1435. 9	1435. 5	−0. 4	−0. 1	0. 0	轨距
ZDM25	1434. 9	1434. 9	1434. 7	−0. 2	−0. 2	0. 0	轨距
ZDM1	−1. 4	−1. 3	−1. 1	0. 2	0. 3	0. 0	高差
ZDM2	0. 0	0. 2	0. 5	0. 3	0. 5	0. 0	高差
ZDM3	0. 0	0. 1	0. 0	−0. 1	0. 0	0. 0	高差
ZDM4	0. 0	0. 3	0. 3	0. 0	0. 3	0. 0	高差
ZDM5	−0. 1	0. 2	−0. 1	−0. 3	0. 0	0. 0	高差
ZDM6	0. 0	0. 3	0. 5	0. 2	0. 5	0. 0	高差
ZDM7	0. 0	0. 4	0. 6	0. 2	0. 6	0. 0	高差
ZDM8	−0. 2	0. 1	0. 2	0. 1	0. 4	0. 0	高差
ZDM9	0. 0	0. 2	0. 2	0. 0	0. 2	0. 0	高差
ZDM10	−0. 2	0. 0	−0. 3	−0. 3	−0. 1	0. 0	高差
ZDM11	−0. 2	−0. 1	−0. 4	−0. 3	−0. 2	0. 0	高差
ZDM12	−0. 3	0. 2	−0. 1	−0. 3	0. 2	0. 0	高差

表4.13（续）

监测点号	初始值/mm	上次测值/mm	本次测值/mm	本次沉降值/mm	累计沉降值/mm	沉降速度/（mm/d）	备注
ZDM13	-0.2	0.0	0.0	0.0	0.2	0.0	高差
ZDM14	-0.1	-0.1	-0.4	-0.3	-0.3	0.0	高差
ZDM15	0.0	0.0	0.3	0.3	0.3	0.0	高差
ZDM16	-0.1	-0.2	-0.6	-0.4	-0.5	0.0	高差
ZDM17	-0.1	0.0	0.3	0.3	0.4	0.0	高差
ZDM18	0.0	0.3	0.4	0.1	0.4	0.0	高差
ZDM19	-0.1	0.2	0.1	-0.1	0.2	0.0	高差
ZDM20	0.0	0.3	0.2	-0.1	0.2	0.0	高差
ZDM21	0.0	0.1	0.2	0.1	0.2	0.0	高差
ZDM22	0.0	0.3	0.1	0.1	0.4	0.0	高差
ZDM23	0.0	-0.1	-0.2	-0.1	-0.2	0.0	高差
ZDM24	0.0	0.1	-0.3	-0.4	-0.3	0.0	高差
ZDM25	0.0	0.0	-0.3	-0.3	-0.3	0.0	高差

表 4.14 右线轨道几何形态监测初始值成果表（2021 年 5 月 25 日）

监测点号	初始值/mm	上次测值/mm	本次测值/mm	本次沉降值/mm	累计沉降值/mm	沉降速度/（mm/d）	备注
YDM1	1434.8	1435.2	1435.0	-0.2	0.2	0.0	轨距
YDM2	1436.0	1436.7	1436.4	-0.3	0.4	0.0	轨距
YDM3	1435.9	1436.0	1436.0	0.0	0.1	0.0	轨距
YDM4	1435.0	1435.3	1435.4	0.1	0.4	0.0	轨距
YDM5	1435.0	1435.1	1434.8	-0.3	-0.2	0.0	轨距
YDM6	1434.4	1434.8	1434.8	0.0	0.4	0.0	轨距
YDM7	1435.7	1436.2	1436.1	-0.1	0.4	0.0	轨距
YDM8	1435.1	1434.8	1434.9	0.1	-0.2	0.0	轨距
YDM9	1434.0	1434.8	1434.5	-0.3	0.5	0.0	轨距
YDM10	1436.0	1436.2	1436.3	0.1	0.3	0.0	轨距
YDM11	1436.0	1436.1	1435.9	-0.2	-0.1	0.0	轨距
YDM12	1434.8	1434.8	1434.7	-0.1	-0.1	0.0	轨距
YDM13	1435.5	1435.8	1436.1	0.3	0.6	0.0	轨距
YDM14	1435.0	1435.8	1435.5	-0.3	0.5	0.0	轨距
YDM15	1435.1	1435.2	1435.5	0.3	0.4	0.0	轨距
YDM16	1434.2	1434.6	1434.6	0.0	0.4	0.0	轨距
YDM17	1435.1	1434.5	1434.7	0.2	-0.4	0.0	轨距
YDM18	1434.0	1434.4	1434.6	0.2	0.6	0.0	轨距

表4.14(续)

监测点号	初始值/mm	上次测值/mm	本次测值/mm	本次沉降值/mm	累计沉降值/mm	沉降速度/(mm/d)	备注
YDM19	1434.2	1434.4	1434.7	0.3	0.5	0.0	轨距
YDM20	1434.2	1434.2	1434.2	0.0	0.0	0.0	轨距
YDM21	1434.9	1435.2	1435.0	-0.2	0.1	0.0	轨距
YDM22	1434.6	1434.3	1434.1	-0.2	-0.5	0.0	轨距
YDM23	1434.7	1434.6	1434.8	0.2	0.1	0.0	轨距
YDM24	1434.1	1434.3	1434.6	0.3	0.5	0.0	轨距
YDM25	1434.0	1434.5	1434.4	-0.1	0.4	0.0	轨距
YDM1	-6.1	-6.5	-6.2	0.3	-0.1	0.0	高差
YDM2	-6.0	-6.1	-6.3	-0.2	-0.3	0.0	高差
YDM3	-4.6	-4.4	-4.3	0.1	0.3	0.0	高差
YDM4	-3.1	-3.6	-3.4	0.2	-0.3	0.0	高差
YDM5	-2.1	-1.7	-2.0	-0.3	0.1	0.0	高差
YDM6	-0.6	0.1	0.0	-0.1	0.6	0.0	高差
YDM7	0.0	-0.2	0.0	0.2	0.0	0.0	高差
YDM8	0.1	0.2	0.0	-0.2	-0.1	0.0	高差
YDM9	0.0	0.0	0.0	0.0	0.0	0.0	高差
YDM10	0.0	-0.3	-0.2	0.1	-0.2	0.0	高差
YDM11	0.0	0.0	-0.2	-0.2	-0.2	0.0	高差
YDM12	0.0	-0.1	0.2	0.3	0.2	0.0	高差
YDM13	0.0	0.3	0.5	0.2	0.5	0.0	高差
YDM14	0.1	0.4	0.5	0.1	0.4	0.0	高差
YDM15	-0.1	0.0	-0.1	-0.1	0.0	0.0	高差
YDM16	0.0	-0.1	0.0	0.1	0.0	0.0	高差
YDM17	0.0	0.6	0.3	-0.3	0.3	0.0	高差
YDM18	0.0	0.0	-0.3	-0.3	-0.3	0.0	高差
YDM19	0.0	-0.1	0.0	0.1	0.0	0.0	高差
YDM20	0.0	0.1	-0.2	-0.3	-0.2	0.0	高差
YDM21	0.0	-0.1	-0.4	-0.3	-0.4	0.0	高差
YDM22	0.0	0.1	-0.2	-0.3	-0.2	0.0	高差
YDM23	0.0	0.1	-0.2	-0.3	-0.2	0.0	高差
YDM24	0.0	0.1	0.1	0.0	0.1	0.0	高差
YDM25	0.0	0.5	0.2	-0.3	0.2	0.0	高差

⑩ B 出入口水平、竖向位移如图 4.28 所示。

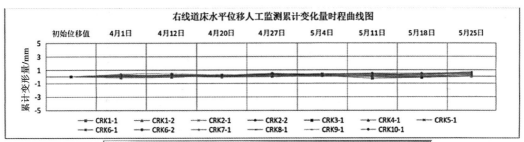

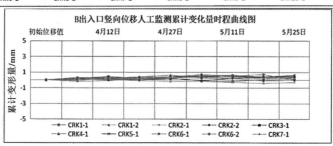

图 4.28　B 出入口水平、竖向位移（2021 年 5 月 25 日）

（10）2021 年 6 月 24 日监测

① 监测结论：自动化监测周期自 2021 年 6 月 17 日至 2021 年 6 月 24 日，自动化监测报表 582 期至 602 期。监测数据最大累计变化量情况统计：各监测点点位变形量 DX（隧道里程方向）最大累计变化量为 0.85 mm，对应监测点位 DM24-2；DY（向基坑一侧水平位移）最大累计变化量为 1.23 mm，对应监测点位 DM10-3；DZ（竖向位移）最大累计变化量为 1.87 mm，对应监测点位 DM12-2。根据目前整体监测数据分析，隧道内各监测点水平及竖向位移（DX、DY、DZ）累计变化量整体较小（±2 mm 以内），无趋势性变形，属观测误差，区间隧道监测数据基本稳定。

② 现场施工进度：项目基坑临近地铁侧于 2020 年 7 月 15 日开始桩基础施工，临近地铁侧共计 245 根围护桩（总计 301 根），截至 11 月 19 日围护桩施工全部完成。2021 年 3 月 5 日临近地铁侧开始进行冠梁施工，局部施工完成；4 月 7 日，沿地铁侧基坑西侧土方开挖，基坑西南侧开挖深度 17.5～18.1 m。如图 4.29 所示。

③ 现场巡视：自动化作业的同时，对左、右线道床及结构进行了现场巡视，现场无渗漏水、无裂缝，监测点位无遮挡、无破坏。

④ 2021 年 6 月 24 日左线各断面累计水平位移变形曲线图如图 4.30 所示。

⑤ 监测主要数据汇总，如表 4.15 所列。

图 4.29　现场情况（2021 年 6 月 24 日）

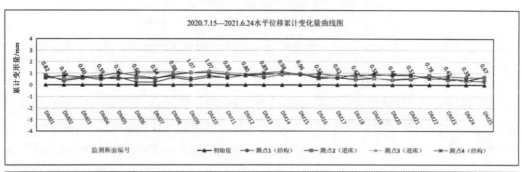

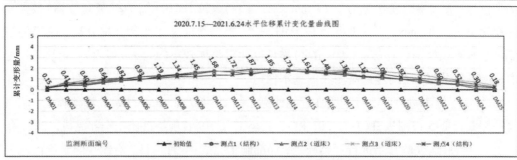

图 4.30　监测点累计水平位移变形曲线图（2021 年 6 月 24 日）

表 4.15　监测主要数据汇总表（2021 年 6 月 24 日）

位置	部位	累计变化最大点号	累计变化量/mm	报警点数量	报警百分率
某两车站区间轨行区左线	左线道床水平位移	ZDM11	0.7	0	0
	左线道床竖向位移	ZDM12	1.7	0	0
	左线结构竖向位移	ZDM15-1	1.8	0	0
	左线轨距	ZDM5	0.7	0	0
	左线轨道高差	ZDM17	0.6	0	0

表4.15(续)

位置	部位	累计变化最大点号	累计变化量/mm	报警点数量	报警百分率
某两车站区间轨行 区右线	右线道床水平位移	YDM9	0.6	0	0
	右线道床竖向位移	YDM12	1.1	0	0
	右线结构竖向位移	YDM13-1	1.3	0	0
	右线轨距	YDM15	0.6	0	0
	右线轨道高差	YDM14	0.7	0	0
	右线断面净空收敛	YSL19	0.7	0	0
某车站B出入口	B出入口水平位移	CRK6-2	0.8	0	0
	B出入口竖向位移	CRK3-1	0.8	0	0

⑥ 左、右线道床和结构水平、竖向位移如图4.31所示。

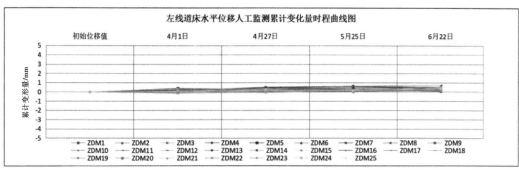

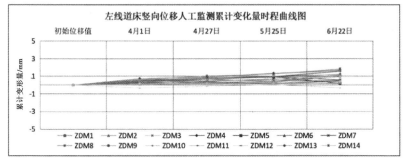

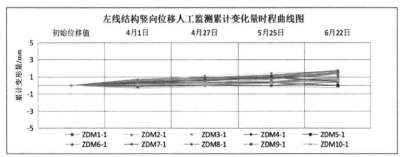

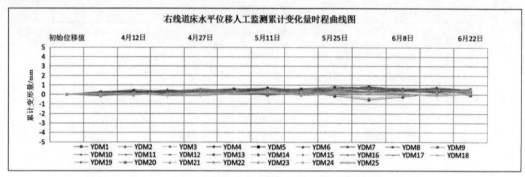

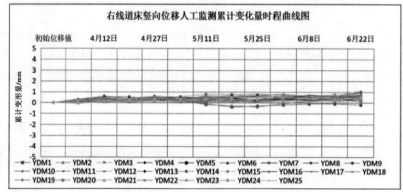

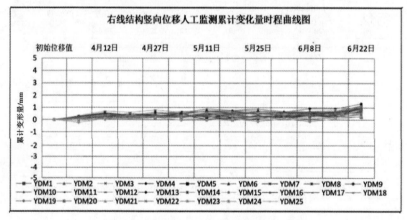

图 4.31　左、右线道床和结构水平、竖向位移(2021 年 6 月 22 日)

⑦ 断面收敛如表 4.16 所列。

表 4.16　右线断面净空收敛监测初始值成果表(2021 年 6 月 22 日)

监测点号	初始值/m	上次测值/m	本次测值/m	本次变化值/mm	累计变化值/mm	变化速度/(mm/d)
YSL1	4.6878	4.6877	4.6878	0.1	0.0	0.0
YSL2	4.7059	4.7059	4.7058	−0.1	−0.1	0.0
YSL3	4.6879	4.6878	4.6878	0.0	−0.1	0.0
YSL4	4.6884	4.6885	4.6885	0.0	0.1	0.0
YSL5	4.6839	4.6839	4.6839	0.0	0.0	0.0

表4.16(续)

监测点号	初始值/m	上次测值/m	本次测值/m	本次变化值/mm	累计变化值/mm	变化速度/(mm/d)
YSL6	4.6613	4.6616	4.6617	0.1	0.4	0.0
YSL7	4.6841	4.6848	4.6846	−0.2	0.5	0.0
YSL8	4.6960	4.6962	4.6963	0.1	0.3	0.0
YSL9	4.6875	4.6879	4.6880	0.1	0.5	0.0
YSL10	4.6916	4.6918	4.6920	0.2	0.4	0.0
YSL11	4.6474	4.6478	4.6478	0.0	0.4	0.0
YSL12	4.6861	4.6863	4.6866	0.3	0.5	0.0
YSL13	4.6928	4.6930	4.6932	0.2	0.4	0.0
YSL14	4.6824	4.6824	4.6827	0.3	0.3	0.0
YSL15	4.6704	4.6707	4.6705	−0.2	0.1	0.0
YSL16	4.6472	4.6474	4.6473	−0.1	0.1	0.0
YSL17	4.6542	4.6543	4.6545	0.2	0.3	0.0
YSL18	4.6686	4.6691	4.6692	0.1	0.6	0.0
YSL19	5.1057	5.1061	5.1064	0.3	0.7	0.0
YSL20	4.8469	4.8471	4.8473	0.2	0.4	0.0
YSL21	4.6363	4.6366	4.6364	−0.2	0.1	0.0
YSL22	4.7219	4.7223	4.7221	−0.2	0.2	0.0
YSL23	4.5794	4.5795	4.5796	0.1	0.2	0.0
YSL24	4.5563	4.5565	4.5564	−0.1	0.1	0.0
YSL25	4.1407	4.1405	4.1407	0.2	0.0	0.0

⑧ 轨道几何形态如表4.17 所列。

表 4.17　右线轨道几何形态监测初始值成果表(2021 年 6 月 22 日)

监测点号	初始值/mm	上次测值/mm	本次测值/mm	本次沉降值/mm	累计沉降值/mm	沉降速度/(mm/d)	备注
YDM1	1434.8	1434.7	1434.9	0.2	0.1	0.0	轨距
YDM2	1436.0	1436.3	1436.4	0.1	0.4	0.0	轨距
YDM3	1435.9	1436.1	1436.3	0.2	0.4	0.0	轨距
YDM4	1435.0	1435.3	1435.3	0.0	0.3	0.0	轨距
YDM5	1435.0	1435.5	1435.3	−0.2	0.3	0.0	轨距
YDM6	1434.4	1434.9	1434.8	−0.1	0.4	0.0	轨距
YDM7	1435.7	1435.9	1436.2	0.3	0.5	0.0	轨距
YDM8	1435.1	1435.3	1435.6	0.3	0.5	0.0	轨距
YDM9	1434.0	1434.3	1434.4	0.1	0.4	0.0	轨距
YDM10	1436.0	1436.5	1436.3	−0.2	0.3	0.0	轨距

表4.17(续)

监测点号	初始值/mm	上次测值/mm	本次测值/mm	本次沉降值/mm	累计沉降值/mm	沉降速度/(mm/d)	备注
YDM11	1436.0	1436.1	1436.3	0.2	0.3	0.0	轨距
YDM12	1434.8	1435.2	1435.1	−0.1	0.3	0.0	轨距
YDM13	1435.5	1435.6	1435.7	0.1	0.2	0.0	轨距
YDM14	1435.0	1435.5	1435.4	−0.1	0.4	0.0	轨距
YDM15	1435.1	1435.4	1435.7	0.3	0.6	0.0	轨距
YDM16	1434.2	1434.8	1434.7	−0.1	0.5	0.0	轨距
YDM17	1435.1	1435.2	1435.2	0.0	0.1	0.0	轨距
YDM18	1434.0	1434.5	1434.6	0.1	0.6	0.0	轨距
YDM19	1434.2	1434.6	1434.4	−0.2	0.2	0.0	轨距
YDM20	1434.2	1434.4	1434.6	0.2	0.4	0.0	轨距
YDM21	1434.9	1435.0	1435.2	0.2	0.3	0.0	轨距
YDM22	1434.6	1435.0	1435.0	0.0	0.4	0.0	轨距
YDM23	1434.7	1435.0	1435.2	0.2	0.5	0.0	轨距
YDM24	1434.1	1434.2	1434.2	0.0	0.1	0.0	轨距
YDM25	1434.0	1434.5	1434.3	−0.2	0.3	0.0	轨距
YDM1	−6.1	−5.9	−6.0	−0.1	0.1	0.0	高差
YDM2	−6.0	−6.0	−6.0	0.0	0.0	0.0	高差
YDM3	−4.6	−4.1	−4.2	−0.1	0.4	0.0	高差
YDM4	−3.1	−3.5	−3.1	0.4	0.0	0.0	高差
YDM5	−2.1	−2.4	−2.1	0.3	0.0	0.0	高差
YDM6	−0.6	0.0	−0.2	−0.2	0.4	0.0	高差
YDM7	0.0	0.3	0.2	−0.1	0.2	0.0	高差
YDM8	0.1	0.4	0.2	−0.2	0.1	0.0	高差
YDM9	0.0	−0.2	0.1	0.3	0.1	0.0	高差
YDM10	0.0	0.4	0.6	0.2	0.6	0.0	高差
YDM11	0.0	−0.3	0.0	0.3	0.0	0.0	高差
YDM12	0.0	0.2	0.1	−0.1	0.1	0.0	高差
YDM13	0.0	0.3	0.5	0.2	0.5	0.0	高差
YDM14	0.1	0.6	0.8	0.2	0.7	0.0	高差
YDM15	−0.1	0.1	0.2	0.1	0.3	0.0	高差
YDM16	0.0	−0.1	0.0	0.1	0.0	0.0	高差
YDM17	0.0	0.3	0.5	0.2	0.5	0.0	高差
YDM18	0.0	0.1	0.1	0.0	0.1	0.0	高差
YDM19	0.0	−0.3	0.0	0.3	0.0	0.0	高差

表4. 17(续)

监测点号	初始值/mm	上次测值/mm	本次测值/mm	本次沉降值/mm	累计沉降值/mm	沉降速度/(mm/d)	备注
YDM20	0.0	0.4	0.6	0.2	0.6	0.0	高差
YDM21	0.0	−0.3	0.1	0.4	0.1	0.0	高差
YDM22	0.0	−0.2	0.1	0.3	0.1	0.0	高差
YDM23	0.0	0.4	0.4	0.0	0.4	0.0	高差
YDM24	0.0	0.5	0.6	0.1	0.6	0.0	高差
YDM25	0.0	0.3	0.5	0.2	0.5	0.0	高差

⑨ B 出入口水平、竖向位移如图 4.32 所示。

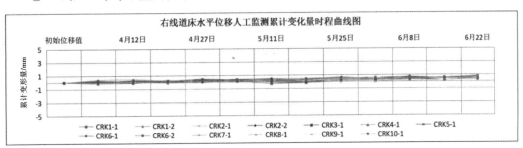

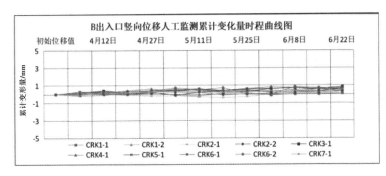

图 4. 32 B 出入口水平、竖向位移(2021 年 6 月 22 日)

(11)2021 年 7 月 29 日监测

① 监测结论:自动化监测周期自 2021 年 7 月 22 日至 2021 年 7 月 29 日,自动化监测报表 688 期至 708 期。监测数据最大累计变化量情况统计:各监测点点位变形量 DX (隧道里程方向)最大累计变化量为 1.37 mm,对应监测点位 DM21-2;DY(向基坑一侧水平位移)最大累计变化量为 1.49 mm,对应监测点位 DM11-3;DZ(竖向位移)最大累计变化量为 3.19 mm,对应监测点位 DM13-2。根据目前整体监测数据分析,随基坑土方开挖,监测范围内隧道结构监测点竖向位移 DZ 累计变化量出现明显隆起趋势,监测点水平位移 DY 有向基坑方向偏移趋势。

② 施工建议:优化施工方案,分段分层开挖,尤其是临近地铁侧中南部区域,基坑开挖至设计深度后,应尽快施做底板结构,减少基坑暴露时间;加强临近地铁侧基坑部分的施工监测,密切关注监测数据变化情况。

③ 现场施工进度：项目基坑临近地铁侧于 2020 年 7 月 15 日开始桩基础施工，临近地铁侧共计 245 根围护桩（总计 301 根），截至 11 月 19 日围护桩施工全部完成。2021 年 3 月 5 日临近地铁侧开始进行冠梁施工，局部施工完成；4 月 7 日，沿地铁一侧基坑西侧土方开挖，基坑西南侧开挖深度约 18 m，地铁侧第三排锚索张拉，咬合桩施工。

④ 现场巡视：自动化作业的同时，对左、右线道床及结构进行了现场巡视，现场无渗漏水、无裂缝，监测点位无遮挡、无破坏。

⑤ 2021 年 7 月 29 日左线各断面监测点累计水平、竖向位移变形曲线图如图 4.33 所示。

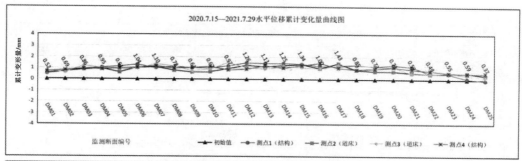

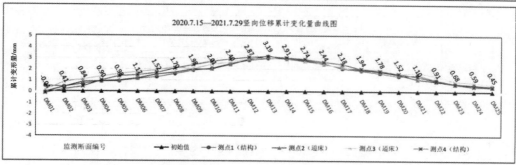

图 4.33 监测点累计水平、竖向位移变形曲线图（2021 年 7 月 29 日）

⑥ 监测主要数据汇总如表 4.18 所列。

表 4.18 监测主要数据汇总表（2021 年 7 月 29 日）

位置	部位	累计变化最大点号	累计变化量/mm	报警点数量	报警百分率
某两车站区间轨行区右线	右线道床水平位移	YDM13	0.8	0	0
	右线道床竖向位移	YDM13	1.2	0	0
	右线结构竖向位移	YDM14-1	1.3	0	0
	右线轨距	YDM9	0.7	0	0
	右线轨道高差	YDM13	0.6	0	0
	右线断面净空收敛	YSL15	0.7	0	0
某车站 B 出入口	B 出入口水平位移	CRK6-2	1.2	0	0
	B 出入口竖向位移	CRK3-1	1.2	0	0

⑦ 右线道床和结构水平、竖向位移如图4.34所示。

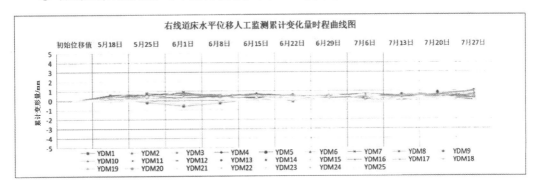

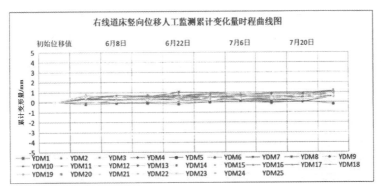

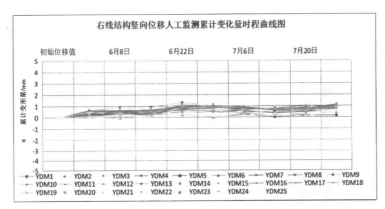

图4.34 右线道床和结构水平、竖向位移（2021年7月27日）

⑧ 断面收敛如表4.19所列。

表4.19 右线断面净空收敛监测初始值成果表（2021年7月27日）

监测点号	初始值/m	上次测值/m	本次测值/m	本次变化值/m	累计变化值/m	变化速度/（mm/d）
YSL1	4.6878	4.6882	4.6881	−0.1	0.3	0.0
YSL2	4.7059	4.7061	4.7062	0.1	0.3	0.0
YSL3	4.6879	4.6882	4.6883	0.1	0.4	0.0
YSL4	4.6884	4.6885	4.6886	0.1	0.2	0.0

表4.19(续)

监测点号	初始值/m	上次测值/m	本次测值/m	本次变化值/m	累计变化值/m	变化速度/(mm/d)
YSL5	4.6839	4.6844	4.6845	0.1	0.6	0.0
YSL6	4.6613	4.6620	4.6618	−0.2	0.5	0.0
YSL7	4.6841	4.6844	4.6847	0.3	0.6	0.0
YSL8	4.6960	4.6964	4.6966	0.2	0.6	0.0
YSL9	4.6875	4.6880	4.6881	0.1	0.6	0.0
YSL10	4.6916	4.6919	4.6922	0.3	0.6	0.0
YSL11	4.6474	4.6480	4.6479	−0.1	0.5	0.0
YSL12	4.6861	4.6867	4.6867	0.0	0.6	0.0
YSL13	4.6928	4.6934	4.6932	−0.2	0.4	0.0
YSL14	4.6824	4.6829	4.6830	0.1	0.6	0.0
YSL15	4.6704	4.6709	4.6711	0.2	0.7	0.0
YSL16	4.6472	4.6476	4.6477	0.1	0.5	0.0
YSL17	4.6542	4.6548	4.6546	−0.2	0.4	0.0
YSL18	4.6686	4.6690	4.6692	0.2	0.6	0.0
YSL19	5.1057	5.1059	5.1057	−0.2	0.0	0.0
YSL20	4.8469	4.8475	4.8475	0.0	0.6	0.0
YSL21	4.6363	4.6368	4.6367	−0.1	0.4	0.0
YSL22	4.7219	4.7225	4.7224	−0.1	0.5	0.0
YSL23	4.5794	4.5798	4.5797	−0.1	0.3	0.0
YSL24	4.5563	4.5567	4.5568	0.1	0.5	0.0
YSL25	4.1407	4.1407	4.1408	0.1	0.1	0.0

⑨ 轨道几何形态如表4.20所列。

表4.20 右线轨道几何形态监测初始值成果表(2021年7月27日)

监测点号	初始值/mm	上次测值/mm	本次测值/mm	本次沉降值/mm	累计沉降值/mm	沉降速度/(mm/d)	备注
YDM1	1434.8	1434.8	1434.9	0.1	0.1	0.0	轨距
YDM2	1436.0	1436.0	1436.0	0.0	0.0	0.0	轨距
YDM3	1435.9	1436.2	1436.2	0.0	0.3	0.0	轨距
YDM4	1435.0	1435.6	1435.5	−0.1	0.5	0.0	轨距
YDM5	1435.0	1435.4	1435.6	0.2	0.6	0.0	轨距
YDM6	1434.4	1434.8	1434.9	0.1	0.5	0.0	轨距
YDM7	1435.7	1435.9	1436.0	0.1	0.3	0.0	轨距
YDM8	1435.1	1435.3	1435.3	0.0	0.2	0.0	轨距
YDM9	1434.0	1434.4	1434.7	0.3	0.7	0.0	轨距

表4.20(续)

监测点号	初始值/mm	上次测值/mm	本次测值/mm	本次沉降值/mm	累计沉降值/mm	沉降速度/(mm/d)	备注
YDM10	1436.0	1436.5	1436.7	0.2	0.7	0.0	轨距
YDM11	1436.0	1436.3	1436.4	0.1	0.4	0.0	轨距
YDM12	1434.8	1435.3	1435.4	0.1	0.6	0.0	轨距
YDM13	1435.5	1435.7	1435.9	0.2	0.4	0.0	轨距
YDM14	1435.0	1435.6	1435.6	0.0	0.6	0.0	轨距
YDM15	1435.1	1435.7	1435.5	−0.2	0.4	0.0	轨距
YDM16	1434.2	1434.5	1434.7	0.2	0.5	0.0	轨距
YDM17	1435.1	1435.0	1435.2	0.2	0.1	0.0	轨距
YDM18	1434.0	1434.2	1434.3	0.1	0.3	0.0	轨距
YDM19	1434.2	1434.4	1434.3	−0.1	0.1	0.0	轨距
YDM20	1434.2	1434.6	1434.7	0.1	0.5	0.0	轨距
YDM21	1434.9	1435.3	1435.3	0.0	0.4	0.0	轨距
YDM22	1434.6	1435.1	1435.1	0.0	0.5	0.0	轨距
YDM23	1434.7	1435.0	1435.2	0.2	0.5	0.0	轨距
YDM24	1434.1	1433.9	1434.1	0.2	0.0	0.0	轨距
YDM25	1434.0	1434.1	1434.1	0.0	0.1	0.0	轨距
YDM1	−6.1	−5.8	−5.8	0.0	0.3	0.0	高差
YDM2	−6.0	−5.9	−5.7	0.2	0.3	0.0	高差
YDM3	−4.6	−4.5	−4.7	−0.2	−0.1	0.0	高差
YDM4	−3.1	−2.7	−2.8	−0.1	0.3	0.0	高差
YDM5	−2.1	−1.6	−1.8	−0.2	0.3	0.0	高差
YDM6	−0.6	−0.1	−0.2	−0.1	0.4	0.0	高差
YDM7	0.0	0.3	0.2	−0.1	0.2	0.0	高差
YDM8	0.1	0.3	0.5	0.2	0.4	0.0	高差
YDM9	0.0	0.4	0.4	0.0	0.4	0.0	高差
YDM10	0.0	0.5	0.3	−0.2	0.3	0.0	高差
YDM11	0.0	0.6	0.5	−0.1	0.5	0.0	高差
YDM12	0.0	0.5	0.4	−0.1	0.4	0.0	高差
YDM13	0.0	0.5	0.6	0.1	0.6	0.0	高差
YDM14	0.1	0.5	0.3	−0.2	0.2	0.0	高差
YDM15	−0.1	0.3	0.1	−0.2	0.2	0.0	高差
YDM16	0.0	0.2	0.5	0.3	0.5	0.0	高差
YDM17	0.0	0.0	0.2	0.2	0.2	0.0	高差
YDM18	0.0	0.3	0.5	0.2	0.5	0.0	高差

表4.20(续)

监测点号	初始值/mm	上次测值/mm	本次测值/mm	本次沉降值/mm	累计沉降值/mm	沉降速度/(mm/d)	备注
YDM19	0.0	0.1	0.3	0.2	0.3	0.0	高差
YDM20	0.0	0.2	0.4	0.2	0.4	0.0	高差
YDM21	0.0	0.2	0.3	0.1	0.3	0.0	高差
YDM22	0.0	0.0	0.1	0.1	0.1	0.0	高差
YDM23	0.0	0.2	0.4	0.2	0.4	0.0	高差
YDM24	0.0	0.2	0.1	−0.1	0.1	0.0	高差
YDM25	0.0	0.1	0.2	0.1	0.2	0.0	高差

⑩ B 出入口水平、竖向位移如图4.35所示。

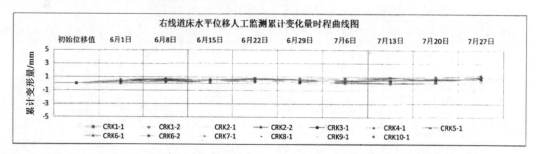

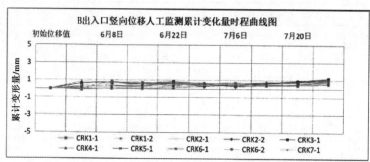

图4.35 B 出入口水平、竖向位移(2021年7月27日)

第 5 章　融蚀响应基坑桩间砂土渗透漏失分析

　　随着我国现代化建设中高层、超高层建筑和地下建筑的不断增多，地下空间的开发和利用成为一种必然，如地铁、地下商业街、地下人防工程、地下停车场、地下仓库等，深大基坑工程急剧增多。由于基坑通常位于城市中心，周边管线密集，这种情况下基坑平面以外没有足够的空间安全放坡，需要设置垂直的挡土结构。而在众多类型的支挡结构中，支护桩因其侧向抗力大、施工方便、对周边环境影响较小等优点，被广泛应用于基坑支护工程中。支护桩除需要同时起挡土和止水作用之外（连续咬合排列），一般情况下在水平方向是按一定间距排列的，这种不连续排列不但可以通过充分利用土体自承能力以达到节约材料、降低造价的目的，还可以通过桩的嵌固段将水平荷载传递到深部土层中。由于排桩中间存在临空土体，土体在自身重力或外部荷载作用下就可能发生滑塌失稳、绕流挤出、水蚀流滑等多种形式破坏。

　　虽然支护桩在国内外的基坑工程中得到了广泛应用，但是近些年由地下管道渗漏导致的基坑桩间砂土坍塌事故愈发频繁。据相关报道，2005 年 1 月 30 日，北京地铁 10 号线熊猫环岛地铁站，由于基坑堆载超标，多根污水、自来水等管线断裂或弯曲造成基坑坍塌，事故造成一根直径 60 cm 的水管断裂，一辆翻斗车被埋（见图 5.1）；2007 年 2 月 5 日，南京地铁 2 号线汉中路牌楼巷与汉中路交叉路口北侧，地下管道受施工影响发生破裂，渗水导致地面塌陷并引起天然气管道断裂爆炸，事故导致附近 5000 多户居民停水、停电、停气，附近的金鹏大厦也被爆燃的火苗"袭击"（见图 5.2）；2011 年 7 月 3 日，成都遭遇特大暴雨，市政污水、雨水管泄漏和爆管直冲基坑边坡，导致仁和春天国际花园基坑、创新时代广场基坑、凯德商用·天府工程基坑桩间砂土垮塌（见图 5.3 至图 5.5）；2013 年 8 月 16 日，沈阳市遭遇连续暴雨，和平区太原街南二马路金碧辉煌基坑周边管线破裂导致基坑桩间土坍塌（见图 5.6）；2014 年 7 月 9 日凌晨，成都市武侯区新希望路 2 号附近基坑因污水管破裂，外泄污水将地下泥土通过基坑护壁桩冲进基坑，造成基坑边缘露天停车场失稳塌陷，塌陷范围与水漪泉铜小区距离不足 10 m，塌陷过程中形成 6 m 宽、10 m 长、4 m 深的深坑，4 辆车坠入坑中（见图 5.7）；2016 年 6 月 30 日，沈阳市铁西区兴华南街和九马路路东国美电器门前排水管线因降雨断裂，继而冲刷沈阳地铁 9 号线基坑导致地面塌陷（见图 5.8）。

　　这些工程事故的发生不仅直接危及工程安全、造成重大经济损失和人员伤亡，而且影响城市道路交通、供电供气、通信等系统的正常运行，给城市居民的生产生活带来较大不便，社会影响很大。

图 5.1　北京地铁 10 号线熊猫环岛地铁站基坑坍塌

图 5.2　南京地铁 2 号线汉中路牌楼巷与汉中路交叉路口基坑塌陷

图 5.3　成都仁和春天国际花园基坑桩间土坍塌

图 5.4　成都创新时代广场基坑桩间土坍塌

图 5.5　成都凯德商用·天府工程基坑桩间土坍塌

图 5.6　沈阳市和平区南二马路基坑桩间土坍塌

　　这些工程事故有以下共同点：基坑周边给排水管线比较密集；垮塌事故均与降雨、施工扰动引起的管道漏水或者爆管引起的突水涌水相关联；垮塌基坑的支护桩和冠梁总体上是好的，垮塌主体均为桩间土。

图 5.7 成都市武侯区新希望路 2 号附近基坑塌陷

图 5.8 沈阳地铁 9 号线兴华南街和九马路路东国美电器门前基坑塌陷

由此可见,失稳垮塌的原因与水的作用有密切关系,含水量的增加会造成非饱和土的基质吸力锐减、岩土软化、土体结构破坏;水所引起的土体自重应力变化使荷载增加,抗力减少;渗流还会改变土体的孔隙水压力或吸力,进而改变有效应力,影响土体的强度和变形;渗流产生的渗透力或超孔隙水压力不但会影响土坡的稳定,甚至可能引发土体发生管涌、流土等渗透破坏。Shimada、吴俊杰等认为水流入渗引起的非饱和土基质吸力减小导致的抗剪强度指标降低是土体稳定性下降的主要原因。王明珉认为在水的物理化学作用下,桩间土体由于源流周围孔隙水压力和水力梯度的增大,首先使土体丧失抗拉和抗剪强度,然后在水体搬运或重力作用下离开原位置,最终导致桩间土体发生水蚀流滑破坏,甚至在高速水流作用下存在直接流化的可能。

虽然国内外学者对于地下管道渗漏导致的桩间砂土破坏问题有了一定研究,但桩间砂土渗流侵蚀破坏属于隐形破坏,难以直接观察其产生和发展过程。目前,对其如何启动、破坏机理如何的认识还比较模糊,且相关规范中也没有管道渗漏导致桩间砂土渗流侵蚀破坏预测的简化计算方法和监测预报手段。因此,实际工程只能以主动预防为主,如对潜在水源或者水流的运动路径加以控制。然而,由于潜在水源漏点及运动路径具有不确定性,控制成本往往较高。此外,随着时间的推移,管道缺陷将显著增加,基坑开挖遇到渗漏管线将愈加普遍,桩间砂土渗流侵蚀破坏一旦发生,将很难控制与治理。因此,为消除管道渗漏导致桩间砂土渗流侵蚀破坏的安全隐患，需要对其破坏机理以及演化规律进行深入研究，为地下管道渗漏导致桩间砂土渗流侵蚀破坏的预测与监测提供科学依据。

5.1　渗透破坏研究现状

桩间砂土渗流侵蚀破坏是指在多孔介质中点源渗流作用下，土体发生内部侵蚀，形成侵蚀坑，并最终导致局部土体在桩间发生贯通破坏或者导致管道爆管冲刷周边土体的现象。其破坏形式为局部侵蚀+渗透破坏的组合，主要涉及渗漏口处水土相互作用、土体渗流侵蚀及桩土相互作用等问题。

5.1.1　渗透破坏形式

土中水和渗流对土体的性质有重要影响。土中水可改变土体的物理、工程和化学性质。渗流可改变土体的孔隙水压力或吸力，进而改变有效应力，进一步影响土体的强度和变形。渗流产生的渗透力或超静孔隙水压力，可影响土坡稳定，并引发土体管涌、流土等渗透破坏。土中水及其渗流所引起的破坏可分为土的渗透破坏和渗透引起的土的破坏两类，其中土的渗透破坏主要是流土和管涌；渗透引起的土的破坏类型比较多，如流砂、流滑、液化等，往往与土中有效应力的减小有关。

土力学中将土工建筑物及地基由于渗流作用而出现的变形或破坏称为渗透变形或渗透破坏，其主要有管涌、流土、接触流土和接触冲刷四种。单一土层主要有流土和管涌两种形式。流土可以发生在任何类型的土中，它使土体完全丧失强度，其破坏危害性要大于管涌。管涌一般发生在一定级配的土中，为渐进式破坏，往往包含了内部侵蚀的过程。管涌和流土是可以相互转化的，管涌往往可以发展演化为流土。因此，在工程实践中也有把流土现象归到管涌概念中来的，且可与内部侵蚀互换使用。理论研究中对于"管涌"的定义比较复杂，管涌（piping）一词源于太沙基（Terzaghi）。Terzaghi 在做板桩围堰防渗砂模型实验时，把下游土体砂面被渗流水头顶起浮动的现象称为管涌（德文grundbruch），并提出了渗流向上顶托土体破坏的渗流临界坡降太沙基公式，随后"管涌"一词就成为地基土的渗透变形的总称。经过苏联学者进一步研究，将渗透变形更进一步划分为管涌、流土、接触流土和接触冲刷四种类型。这也是我国文献的常用划分方法，其将管涌定义为细颗粒在渗流作用下沿着骨架颗粒孔隙通道的移动或流失，流土定义为局部土体或颗粒群体在渗透水流作用下悬浮、移动。太沙基的管涌临界坡降实质上相当于流土类型的破坏。然而，在很多英文文献中仍用管涌（piping）代表渗透变形，也有用俄文管涌的音译词 suffosion 代替。Richards 和 Reddy 详细总结了"管涌"在以往研究中的不同定义：

（1）后向侵蚀型管涌（backward erosion）

Terzaghi 将其定义为颗粒沿着结构底部形成连续的贯通通道从集中泄漏的出口点逐渐向后侵蚀的过程，他发现土体在溢出点处首先发生渗流破坏且符合 Darcy 定律。

（2）内部侵蚀型管涌（internal erosion）

与后向侵蚀型比较类似，二者的区别主要是内部侵蚀型管涌渗流发生在已经存在的开口处，如黏性土的裂缝处或者土与其他结构的接触面处，Darcy 定律并不适用，此时应考虑水的立方定律。

（3）管道输水型管涌（tunneling）

该型管涌是雨水流经开放裂纹或者天然沟渠时由于黏土的化学分散作用而发生的，其产生原因多为降雨侵蚀，主要发生在包气带中。

（4）潜蚀型管涌（suffosion）

其用来描述细颗粒在水流作用下从粗颗粒形成的骨架中运移流失所导致的破坏，该过程中随着渗透系数的增大，相对高的流动速度将引起土骨架的疏松，最终导致土体坍塌，相对于集中渗漏侵蚀型管涌，其破坏过程要慢得多。

（5）隆起型管涌（heave）

该型管涌是 Terzaghi 在研究板桩支护结构土体隆起时所提出的一种模式，他认为相对渗透系数较小的黏土层覆盖在渗透性较大的土层之上，当渗透力超过土体自重时，土体就会向上隆起。

此外，Foster 和 Fell 将涉及内部侵蚀的管涌划分为集中渗漏侵蚀型管涌（concentrated leak erosion）、潜蚀型管涌（suffusion）和隆起型管涌（heave）。Fell 和 Fry 根据内部侵蚀的启动机制和出流的边界条件将大坝及其基础内部侵蚀划分为四类：集中泄漏侵蚀（concentrated leak erosion）、后向侵蚀（backward erosion）、接触侵蚀（contact erosion）和潜蚀填充型侵蚀（suffusion）。Crosta 和 Prisco 通过大量的实地调查研究，认为自然坡体的物理潜蚀只包括两类：在多孔介质渗流作用下发生的潜蚀，即渗流潜蚀（seepage erosion），其主要作用力是渗流力；地下孔流、空腔流、管流、洞穴流乃至于地下河流等携砂水流以水动力冲刷为主的潜蚀，即管道冲蚀（tunnel scouring），其主要作用力是地下径流的冲刷力。Alsaydalani 将化学工程中广泛应用的流化概念引入颗粒材料的内部侵蚀过程，用来描述局部孔口射流情况下，颗粒材料因水压和水力梯度增加所表现出的类似重力流体循环的现象。李喜安等通过对国内外物理潜蚀作用的相关文献进行总结，对"管涌""渗透压密""接触管涌""接触冲刷""流土""突涌""接触流土""流砂""流滑"等物理潜蚀作用的发生机理进行了深入分析。

5.1.2 CFD-DEM 耦合方法

根据是否精细求解颗粒周围的绕流流场，基于 CFD-DEM 耦合方法又可分为全解流耦合和非解流耦合。全解流 CFD-DEM 耦合方法又称为 DEM-DNS（direct numerical simulation)耦合方法，其采用 CFD 对岩土等颗粒材料的孔隙流体进行建模，通过数值求解描述流体宏观流动的 N-S(Navier-Stokes)方程来获得孔隙流场。相对于 DFF 模型，N-S 方程提供了流体流动的更一般化的描述。DEM-DNS 耦合流程为：首先，采用 CFD 算法精细求解颗粒周围孔隙尺度的流体绕流流场。此时，颗粒表面被看作流动区域的无滑移边界，其速度通过无滑移边界条件施加到流体控制方程中；然后，根据所获得的流场对颗粒表面流体应力进行积分来求得颗粒–流体间的相互作用力；最后，将相互作用力施加在颗粒上，进行 DEM 计算以更新颗粒速度和位置，并根据更新后的颗粒速度计算颗粒表面速度，并应用到下一时步的孔隙流场计算。DEM-DNS 耦合的关键是如何处理由于颗粒不断运动和转动导致颗粒表面边界一直运动的流体动边界问题。目前，针对该问题的主要处理方法有两种：适体网格法(body-conformal)和虚区域法(fictitious domain，FD)。适体网格法中，颗粒表面被当作流体计算区域的边界，流体计算区域的网格紧贴颗粒表面进行划分。随着颗粒的运动流体，网格需要不断重新划分，这直接限制了适体网格法在颗粒较多和三维情况下的应用。虚区域法的基本思想是把在复杂且随时间变化区域上的问题转化为简单且不随时间变化区域上的问题。在 DEM-DNS 中即将流体流动人为拓展至整个计算区域，颗粒所占区域内的流体称为虚流体，同时，消除颗粒表面边界，并通过颗粒运动对颗粒内流体流动进行限制，从而达到隐式施加颗粒–流体无滑移边界条件的目的。由于虚区域法能够克服适体网格法需要重新划分的缺点，因此其在 DEM-DNS 中得到了广泛应用。但是由于 DEM-DNS 计算负担较大，目前还主要用于模拟少量颗粒在流体内沉降以及理想颗粒堆积体内的渗流。

非解流 CFDDEM、耦合方法在有些文献中也被称为耦合的 CFD-DEM 或者直接称为 CFD-DEM，是由 Tsuji 等在模拟向上渗流引起的颗粒堆积体流化时首次提出，采用基于欧拉网格的传统的 CFD 方法求解局部平均化的 N-S 方程来获得流体流动在局部区域内的平均化流场，流体与颗粒之间的作用力通过拖拽力模型进行计算，从而实现局部平均化尺度的颗粒–流体耦合。耦合计算的关键问题是拖拽力、流体网格孔隙率和相间作用力的计算。目前，常用的拖拽力模型主要有基于 Ergun 公式以及 Wen 和 Yu 公式的拖拽力模型，DiFelice 拖拽力模型和 Hill 拖拽力模型。

相对于 DEM-DNS，非解流 CFD-DEM 流体网格尺寸不需要比颗粒粒径小很多，也可以大于颗粒粒径，网格数量少，计算负担少，近些年逐渐被应用于模拟岩土体内渗流及其引起的土体变形和颗粒迁移问题。Shamy 等采用 CFD-DEM 耦合方法成功模拟了向上渗流引起的土柱流化特性及其发生流化作用的临界水力梯度。周健等模拟了向上渗流所引起的流砂现象，并分析了流砂发生过程中渗透系数和孔隙率的变化情况。

Chen 等采用该方法研究了桩板墙的渗流特性，以及导致流化的流量和压力梯度，模拟结果与理论解具有较好的吻合性。Tao 等模拟了均匀粒径及孔隙分布相对均匀和具有特定粒径及孔隙分布的管涌发生发展过程。一方面，通过监测管道的颗粒速度和位置，可以辨别管道侵蚀的三个主要阶段(初始运动阶段、侵蚀的继续阶段和总隆起阶段)；另一方面，通过对接触力、水压力、配位数和孔隙率的演变分析，进一步揭示了管道冲蚀的微观机理。研究表明管涌的启动并不总是从自由表面开始，管涌的演化在很大程度上取决于颗粒尺寸和孔隙度分布。Guo 等分析了颗粒形状对土体可侵蚀性的影响。戴轩等研究了基坑工程中富水砂层、富水砂层上层上覆黏土层发生漏水漏砂时的地层变形、土体损失以及地应力发展变化规律。这些模拟肯定了非解流 CFD-DEM 耦合数值方法在研究土体渗流侵蚀问题方面的适用性。

5.1.3　LBM-DEM 耦合方法

格子玻尔兹曼方法（LBM）是 20 世纪 80 年代中期发展起来的一种基于介观模拟尺度的计算流体力学方法，是建立在分子运动论和统计力学基础上的一种模拟流场的数值方法，其粒子分布函数满足 Lattice Boltzmann 方程。传统的 CFD 计算方法大多是先将宏观控制方程离散，然后使用某种数值方法求解离散方程，最后得到宏观物理量。LBM 从微观动力学角度出发，将流体的宏观运动看作大量微观粒子运动的统计平均结果，宏观物理量由微观粒子的统计平均得到。

在 LBM-DEM 耦合方法中，使用 LBM 获得每个颗粒周围的孔隙流体的绕流流场，用 DEM 求解颗粒运动。耦合的关键问题是要处理好流体-颗粒之间的相互作用，即施加颗粒-流体的无滑移边界条件，保证流-固边界上具有相同速度。目前，常用的施加方法有动量交换法和浸入运动边界法。LBM-DEM 耦合方法能够克服非解流 CFD-DEM 耦合方法中采用粗糙网格和局部平均化方案所造成的难以开展精细模拟的问题，适合从孔隙尺度模拟复杂的颗粒-流体系统。Cook 等采用 Fortune 语言，首次实现了 LBM-DEM 耦合。首先，对二维情况下单圆形颗粒绕流实验进行模拟并将模拟结果与解析解比较，验证了该方法的有效性，然后，模拟了二维流动对胶结颗粒堆积体产生的侵蚀破坏过程，再现了侵蚀过程中的颗粒流失及孔洞扩张现象。Mansouri 等采用三维 LBM-DEM 模型模拟了砂沸现象，数值模拟的临界水力梯度与经典土力学的计算结果接近。Wang 等采用 LBM-DEM 成功模拟了接触侵蚀和水力劈裂等复杂的岩土流固耦合问题。Harshain 等通过 LBM-DEM 方法模拟了向上渗流引起的三维颗粒堆积体流化作用，并基于数值模型分析了流化过程中颗粒速度、接触力以及配位数等物理量的变化特性。Cui 等研究了地下管道局部泄漏导致的土体渗流侵蚀问题。但是与全解流 CFD-DEM 耦合方法相类似，为了达到足够的模拟精度，此方法要求流体格子尺寸不应超过颗粒直径的 $1/20 \sim 1/10$，造成实际应用中格子数量巨大，然而目前受到计算机性能的限制，故该方法只适用于小尺度的颗粒基础物理力学特性研究。

5.1.4　SPH-DEM 耦合方法

光滑粒子流体动力学方法(SPH)是一种无网格的流体动力学方法,该方法基于连续介质假设一系列任意分布的粒子来模拟流体运动规律,其中每一颗粒子都有着独立的影响域和插值域,计算过程中粒子的位置、速度、压强等物理量以及物理量的梯度分布都是根据插值域内粒子构造的核近似函数插值得到。相对于传统的 CFD 网格方法,SPH 有着无网格和纯拉格朗日粒子方法的特性以及较强的自适应性特点,因此在识别流体相和应用复杂的几何形状方面优于欧拉模型。但是传统的 SPH 方法也存在着稳定性不足和计算精度不高两方面问题。基于此 Monaghan 提出在粒子间引入人工黏性项来改善应力不稳定,可有效地避免粒子聚集现象。Liu 等提出了精度更高的 FPM(finite particle method)方法。SPH-DEM 由 Cleary 等提出,通过求解局部平均化的 N-S 方程获得局部区域内的流场,并与颗粒相耦合,但是目前其在岩土体等颗粒材料渗流模拟方面的应用有限。Potapov 等采用该方法模拟了固液混合物的流动。Li 等采用该方法模拟了颗粒材料中的流体流动。与非解流 CFD-DEM 耦合方法相比,SPH-DEM 在模拟精细度方面相差不大,但是计算效率上却没有欧拉网格高。此外,由于其对流体的离散性描述,使得宏观黏度很难应用于 SPH 之中,而且湍流在 SPH 中的实现也比较复杂。因此其并不适用于管道渗漏的水土相互作用模拟。

5.1.5　基于 CFD-DEM 耦合分析的桩间砂土水平渗流侵蚀破坏特征

通过时有支挡结构和无支挡结构的砂土渗流侵蚀破坏的研究,发现支挡结构对砂土渗流侵蚀破坏过程、临界破坏流量以及孔隙水压力有重要影响。渗漏口向上条件下的渗流侵蚀破坏的机理主要是随着渗透力的增加,土体有效应力减小,当有效应力为零时,土体发生破坏,亦可称为完全流化破坏。而桩间砂土主要受水平方向的渗流侵蚀作用,渗透力主要克服的是上覆土层重力所引起的摩擦力,土颗粒移动时的有效应力不一定为零。此外,在其破坏过程当中还受到土体自重所引起的侧向土压力作用以及支护桩的约束作用,使其破坏过程变得更加复杂,室内实验边界条件控制上也变得更加困难。另外,由于室内模型实验缺乏可视化技术,难以对渗流侵蚀破坏的整个发展过程及细观机理进行深入了解,尤其是通道形成过程中,渗漏口与周边土体、通道与其外部砂土、土体与支挡结构相互作用的细观机理还不是很清晰。而基于宏观本构关系的数值方法(有限单元法和物质点法)也无法再现渗流侵蚀破坏过程中的细观颗粒-流体耦合过程。相比之下,近些年逐渐兴起的 CFD-DEM 耦合分析方法为认识岩土力学行为及其细观机理提供了一个新的途径。

在离散元中,使用颗粒单元对土体颗粒进行建模,为反映真实土颗粒之间的相互作用,颗粒单元之间允许发生相互错动、滚动以及分离。同时,颗粒单元之间的相互作用通过细观接触模型进行模拟。离散元不依赖于宏观连续介质假设和本构关系,它不仅在模拟土体的非连续变形和大变形流动方面具有优势,更重要的是,离散元可以从颗粒尺度认识土体发生非连续变形和流动的细观机理;另外,渗流引起土细颗粒运移是土体颗粒与孔隙流体相互作用的过程,在基于离散元对其进行模拟时,需要使用相应的数值方法,例如传统计算流体动力学方法或格子玻尔兹曼方法等对孔隙流体流动进行建模。

当前的流固耦合计算方法主要包括将流体固体均视为连续介质的 Euler-Euler 法,将流体视为连续介质、固体视为离散颗粒的 Euler-Lagrange 法和将流体和固体都视为离散颗粒的 Lagrange-Lagrange 法等三类。根据是否精细求解颗粒周围绕流流场,可以将基于离散元的颗粒-流体耦合方法分成全解流(即精细求解颗粒周围绕流流场)耦合、半解流(即用虚区域法获取粗骨架孔隙尺度的渗流流场,同时,基于局部平均化理论从局部平均化尺度处理细颗粒-流体耦合)耦合和非解流(即不求解颗粒周围绕流流场,仅在局部平均化尺度获得颗粒周围绕流流场的局部平均流场)耦合三大类。将采用属于 Euler-Lagrange 法的非解流进行模拟。

5.2 CFD-DEM 流固耦合数值方法

非解流 CFD-DEM 耦合方法属于 Euler-Lagrange 法,整体遵循 Tsuji 等提出的粗网格流体-颗粒耦合数值分析体系。这种方法将连续的流体介质进行网格划分,将土颗粒考虑成具有一定空间尺寸和形状的离散体,基于局部平均化理论采用计算流体动力学求解单元中的平均化流场,采用离散元法根据牛顿运动定律求解固相颗粒系统,同时,使用托拽力模型在局部平均化尺度处理流体-颗粒相互作用,从而实现两相之间的耦合。该方法相对 Euler-Euler 法的优点在于可以从颗粒尺度上分析土体变形;同时较 Lagrange-Lagrange 法,其可以在保证计算精度的前提下提高计算效率。因此,CFD-DEM 流固耦合数值方法特别适用于模拟均匀且级配较窄的砂土颗粒。

5.2.1 CFD-DEM 程序实现及基本步骤

CFD-DEM 耦合模块是一个开源的固液耦合程序,采用 OpenFOAM 开源程序求解流体动力方程,LIGGGHTS 程序计算固体颗粒运动方程,将颗粒与流体相互作用力作为两相耦合纽带,当计算时间耦合时,进行 CFD-DEM 动量交互传递,从而实现流固耦合。此外,采用 CFD-DEM 耦合计算程序可以实现 CPU 多核并行计算,从而能够大大提高计算效率。其耦合流程如下(见图 5.9):

① 在 DEM 循环内定位颗粒、识别接触。

② 根据颗粒之间的重叠量采用 Hertz 接触模型计算颗粒的所有受力。

③ 求解颗粒运动方程,获得颗粒速度,更新颗粒位置。

④ 重复步骤①~③,完成 n 次循环计算,通过 CFD-DEM 模块将最新的颗粒位置和速度信息传递给 CFD 循环。

⑤ 根据颗粒位置计算 CFD 网格内的孔隙率并收集单元内所有颗粒-流体相互作用。

⑥ 采用 PISO 算法求解 Navier-Stokes 方程，得到流体速度场和压力场。

⑦ 计算 DEM 颗粒受到的流体作用力(拖拽力、浮力和动水压力)，回到步骤②，完成一次 CFD-DEM 循环。

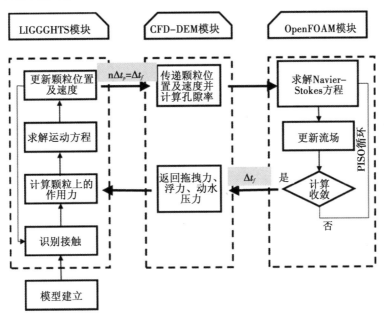

图 5.9　CFD-DEM 耦合计算流程

5.2.2 　砂颗粒细观参数的确定

离散元(DEM)模拟的核心是通过接触模型计算颗粒之间的相互作用力，而计算结果的准确性依赖于接触模型中的细观参数选取是否合理。由于岩土颗粒较小，形状和组成比较复杂，难以通过室内实验对细观参数进行测量，其与宏观力学参数之间也没有形成一套完善的定量关系，目前常用的确定方法包括直接测量法和参数标定法。直接测量法是通过颗粒尺度的室内实验直接测量颗粒的细观参数，但是由于实验手段的限制，仅能针对少量且形状规则的砂颗粒的杨氏模量和颗粒间摩擦系数进行直接测量，而且测量过程烦琐耗时并且实验的结果精确性还不够，无法获得有代表性的成果，另外对于颗粒滚动摩擦系数和滚动刚度目前还没有直接测量方法。参数标定法就是通过简单的室内实验(自然休止角实验、直剪或三轴实验)获得土样的宏观力学参数(自然休止角、初始弹模和峰值强度等)，然后通过离散元来模拟这些试验，从而建立颗粒细观参数与宏观参数之间的关系，最后通过对比分析确定一组合适的细观参数。

目前，较为常用的是通过三轴试验进行标定，常用标定过程是通过不断地试错调整，找到一组细观参数，使离散元的模拟结果充分逼近室内实验结果，此标定过程烦琐耗时，并且准确度也不是很高。将细观参数的标定过程概化为一个最优化问题，采用改进自适应遗传算法(IAGA)+多输出支持向量机(M-SVR)进行离散元的细观参数标定,以 M-SVR 建立宏细观参数的映射关系,以 IAGA 搜索支持向量机的超参数和最合适的细观参数,该方法充分发挥遗传算法在全局寻优以及支持向量机在小样本建模方面的优势,省时省力,为细观参数的标定提供一种新思路。

5.3 CFD-DEM 数值模型及实验验证

为了验证 CFD-DEM 数值模拟的准确性,进行了室内模型实验。实验模型箱的长宽高为 800 mm×600 mm×600 mm,如图 5.10 所示。模型桩采用直径为 20 mm 的有机玻璃柱,桩长为 600 mm,桩间距为 50 mm。渗漏孔直径为 6 mm,管道孔口方向水平指向在模型桩侧。模型箱两侧装有两台电磁流量计,用于监测动态水流量,两台水压表用于测量管道水压。测试启动时,所有电气设备和传感器数据采集设备均处于开启状态,接通水泵后调节阀门至管路预设压力。

(a)实验设备

(b)填土完毕状态

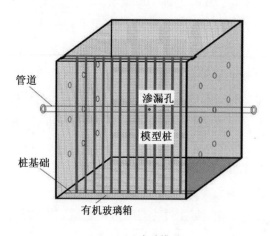

(c)实验模型

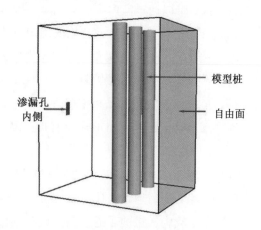

(d)数值模型

图 5.10　模型实验箱实物及模型

为避免离散元颗粒数量过大、计算效率过低甚至无法计算的问题，模型尺寸大小设置为 190 mm×150 mm×240 mm，泄漏孔为方便计算采用等面积正方形，边长为 5.3 mm（原出水孔为直径 6 mm 的圆孔）。模型桩采用直径为 20 mm 的模型柱，桩长 240 mm，桩间距为 50 mm。具体的模型尺寸如图 5.11 所示。

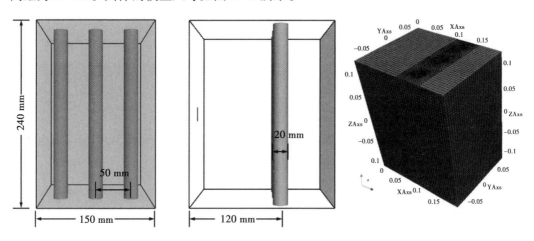

图 5.11　数值模型尺寸与流体网格图

在实验室测试中使用的砂粒直径在 0.1mm 到 1mm 之间。在模拟过程中，颗粒直径被放大到 8 倍的实际砂粒直径。具体级配曲线如图 5.12 所示，基本物性参数如表 5.1 所示。

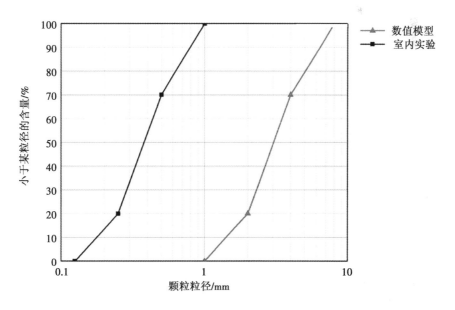

图 5.12　室内实验和 CFD-DEM 数值模型的颗粒级配曲线

表 5.1　室内实验土样基本物理指标

物理指标	实际值
干密度 ρ_d/(g/cm³)	1.6
最大干密度 ρ_{dmax}/(g/cm³)	1.6
最小干密度 ρ_{dmin}/(g/cm³)	1.6
相对密度 d_s	2.649
孔隙率 n	0.396
不均匀系数 C_u	2.25

数值计算过程中除了需要设置颗粒和流体的基本物理参数外，还需要对计算颗粒碰撞的相关参数和计算步长进行设置，其具体参数设置见表 5.2。程旷等通过三轴实验确定了离散元计算中石英砂的计算参数(包括杨氏模量 E_s，泊松比 ν_s，滑动摩擦系数 μ_{s_ss}，滚动摩擦系数 μ_{r_ss})。

表 5.2　数值模型计算参数

砂颗粒密度 ρ_d/(kg/m³)	2649	砂-砂滑动摩擦 μ_{s-ss}	0.85
玻璃珠密度 ρ_g/(kg/m³)	2450	砂-砂有机玻璃滑动摩擦 μ_{s-sg}	0.1545
砂颗粒杨氏模量 E_s/Pa	2×10^{10}	砂-砂滚动摩擦 μ_{r-ss}	0.26
有机砂颗粒杨氏模量 E_g/Pa	5×10^{10}	砂-砂有机玻璃滚动摩擦 μ_{r-sg}	0.045
砂颗粒泊松比 ν_s	0.2	回弹系数	0.9
有机砂颗粒泊松比 ν_g	0.3		

通常情况下离散元计算的临界时间步长主要取决于颗粒的杨氏模量，由于杨氏模量的减小对颗粒系统的物理响应并没有明显的影响，因此在计算过程中允许选用比真实值小的杨氏模量以便获得更大的时间步长和更少的计算时间。通常情况下离散元计算的临界时间步长要远小于 CFD 计算的临界时间步长，一般选取 $\Delta t_{CFD} = n\Delta t_{DEM}$，并在每一 CFD 计算时间步开始时交换 CFD 与离散元中的信息，n 为耦合间隔，一般在 $10 \sim 100$ 之间取值。结合前人的研究成果，离散元时间步长取 5×10^{-6} s，意味着颗粒位置以及运动状态每 5×10^{-6} s 更新一次；流体计算时间步长取 5×10^{-4} s，意味着网格内孔隙率以及流场信息每 5×10^{-4} s 更新一次，流体计算时间步长为离散元计算步长的 100 倍，即离散元每计算 100 步将与流体计算耦合一次。由于给水管网破裂有着时间短速度快的特点，为了模拟该工况，采用孔口处水压控制方法，水压随着时间线性增长，每 0.3 s 变化 5 kPa，采用较小的时间间隔以便确定桩间砂土完全破坏时的临界水压。具体水压设置如表 5.3 所示。

表 5.3　泄漏孔处水压值

时间节点/s	0	0.3	0.6	0.9	1.2	1.5	1.8
水压/kPa	0	0	5	10	15	20	25
时间节点/s	2.1	2.4	2.7	3.0	3.3	3.6	3.9
水压/kPa	10	35	40	45	50	35	60

5.4　数值模拟结果及分析

5.4.1　桩间砂土渗流侵蚀破坏过程

为了便于观察侵蚀破坏过程，将中间桩与渗漏孔的竖向剖面土体作为观察对象。渗流侵蚀破坏的渐进发展过程可划分为三个阶段，如图 5.13 所示。在破坏的初始阶段，漏水孔的水压较小，对土体结构影响不大。首先，由于排桩的支挡作用和土体的黏聚力，桩侧土体能够保持稳定，渗漏孔供水时，离自由面最近的桩间土因水流侵蚀逐渐脱落，如图 5.13(a)所示。

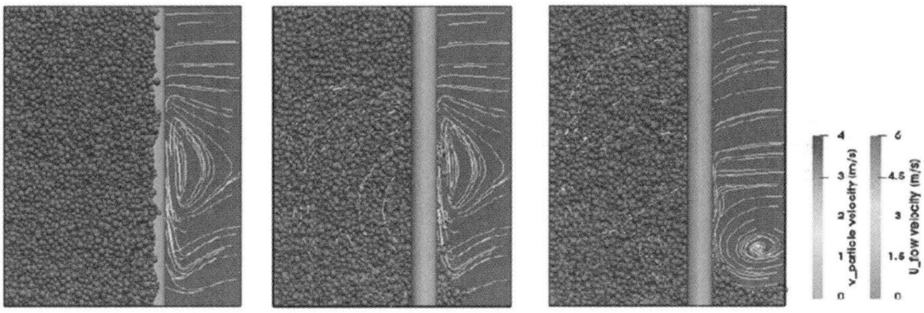

$T=0$ s；$P=0$ kPa　　$T=0.3$ s；$P=0$ kPa　　$T=0.6$ s；$P=5$ kPa

(a)初始阶段

$T=2.85$ s；$P=42.5$ kPa　　$T=2.9$ s；$P=43.3$ kPa　　$T=2.95$ s；$P=44.2$ kPa

(b)发展阶段

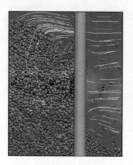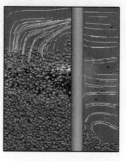

$T = 3.0$ s；$P = 45.8$ kPa $T = 31.5$ s；$P = 47.5$ kPa $T = 3.9$ s；$P = 60$ kPa

（c）破坏阶段

图 5.13　桩间砂土破坏过程

　　随着水压逐渐增加，超静孔隙水压不断累积增大，直到侵蚀破坏发生。侵蚀破坏发生时的泄漏孔水压则为临界水压 P_{cr}。与前文所述渗漏口向上条件下桩间砂土渗流侵蚀破坏的实验结果类似，破坏最初发生时渗漏孔处会出现孔洞，随着渗漏孔流量的增大，孔洞会逐渐发展成为通向土体表面的混合流体通道。数值模拟中土体侵蚀破坏也出现类似的发展规律，从图 5.13（b）中可以看出在 $T = 2.85$ s 时，渗漏孔处的土体出现明显土体结构松散孔隙率变大的现象，形成较小的孔洞，随后在 $T = 2.9$ s 时发展形成了可见的运输通道，靠近通道的土体颗粒被水流冲击出去，土体上部逐渐滑塌。随着渗流通道土体颗粒被不断从桩间冲出，原桩侧土体无法保持稳定的状态，从局部的塌陷发展到上部整体的塌陷，如图 5.13（c）所示。桩侧土体颗粒不断因水流侵蚀减少，直至桩两侧均出现大面积临空，桩侧土体破坏。

5.4.2　流体计算结果

　　验证实验通过渗压计监测孔隙水压力的变化过程并与数值模拟结果进行比较来验证数值模拟方法的可靠性与准确性。验证实验渗压计布置如图 5.14（a）所示，渗压计采用半球形布设，以管道渗漏点为球心，每隔 10 cm 布设一层。流固耦合数值计算可以在模拟过程中监测某点处网格的流体信息。受模型本身尺寸的限制，数值模拟中以渗漏口处为球心，每隔 5 cm 设置一处监测点，布置方式与验证实验相统一，见图 5.14（b）。

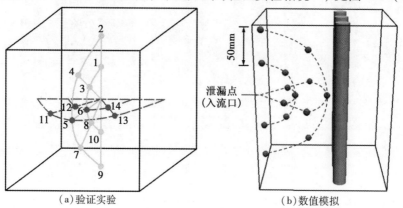

（a）验证实验　　　　　　　　　　（b）数值模拟

图 5.14　孔隙水压监测点示意图

数值模拟过程中,对图 5.14(b)中所示的各监测点处的孔隙水压力变化情况进行绘制,如图 5.15 所示,当泄漏处水压低于 42 kPa 时,孔隙水压缓慢累积,其值变化幅度较小;当泄漏处水压大于 42 kPa 时,监测点处孔隙水压数值急剧变化并且幅度较大。因此可以确定 42 kPa 是土体渗流侵蚀破坏的临界水压,这与土体颗粒破坏过程的分析结果一致。达到临界水压后,土体内出现孔洞,孔隙水渗流分布不再呈现出规律性变化,动水压出现幅度较大且不稳定的变化。

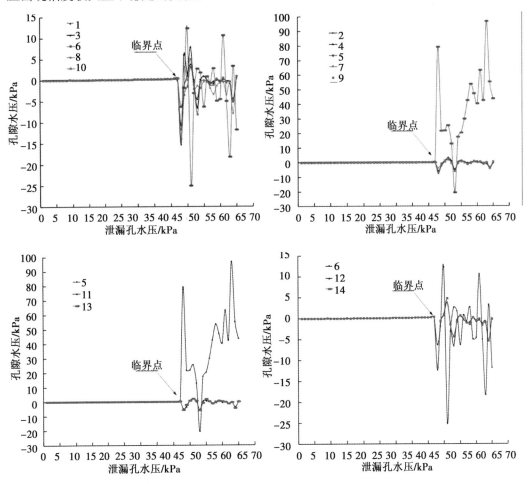

图 5.15　监测点处孔隙水压力变化图

图 5.16 展示了达到渗流侵蚀破坏临界点之前各监测点的水压变化情况,对比数值模拟与验证实验的结果可知,各监测点数值虽然有些许差别,但是总体上表现出孔隙水压力为逐步累积且上升趋势大致相同,这证明了 CFD-DEM 固液耦合方法的可靠性和准确性。需要说明的是,由于物理实验时砂土不存在黏聚力,为了防止砂土饱和时塌落及更好地模拟高压水流渗透破坏过程,实验时需采用非饱和砂土并且在桩间覆上一定厚度的水泥土,而水泥土面板的强度和厚度不易控制,另外线性快速加压也很难实现,导致验证实验的结果与数值模拟的结果存在一定偏差。达到临界破坏水压前渗漏口处水平及

竖向剖面的孔隙水压力分布如图 5.17 所示，从图中可知，水流从泄漏点处以扇形向土体内渗流扩散，并且大半径(10 cm)处的水压明显小于小半径(5 cm)处的水压。值得注意的是，5 号监测点的孔隙水压上升幅度最慢，导致 5 号监测点与泄漏口之间的压差较大，两点之间水力梯度较大，逐渐形成后来破坏时的运输通道，这与土体颗粒破坏演变的结果相统一。

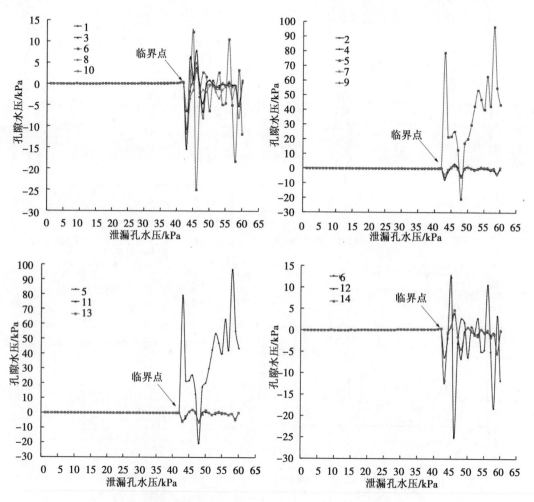

图 5.16　数值模拟和验证实验破坏前监测点处孔隙水压力变化对比图

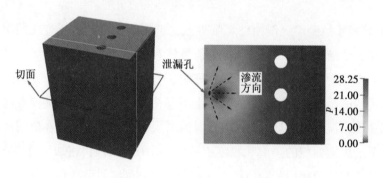

(a)水平切面

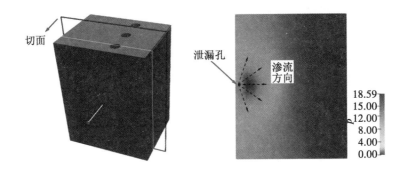

（b）竖向切面

图 5.17　泄漏处水压 40 kPa 时孔隙水压分布图

5.5　渗流侵蚀破坏影响因素分析

5.5.1　桩间距

为分析桩间距 D 对桩间砂土渗流侵蚀破坏的影响，选取三种不同桩间距（$D = 3.5$、5.0、6.5 cm）的模型进行对比分析，模型示意图如图 5.18 所示，计算结果见表 5.4。

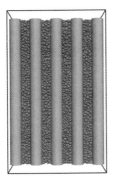

$D = 3.5$ cm　　　　　$D = 5.0$ cm　　　　　$D = 6.5$ cm

图 5.18　三种不同桩间距模型示意图

表 5.4　不同桩间距模型临界水压计算结果

桩间距 D/cm	桩间距与桩径比（D/d）	临界水压 P_{cr}
3.5	1.75	44
5.0	2.50	42
6.5	1.25	18

根据工程经验，排桩间距越大则桩间土体临空面越大，更容易受到水流侵蚀而发生破坏，排桩间距较小则造价成本较高，也可能加剧成桩时的挤土效应，所以需要找到合适的桩间距并且在控制不发生渗流侵蚀破坏的条件下尽量取较大的值。对比研究中三种不同桩间距模型的 5 号监测点孔隙水压变化结果，如图 5.19 所示。桩间距 $D=6.5$ cm 时临界破坏水压远低于 $D=5.0$ cm 的临界水压，可见较大的桩间距会大幅降低土体抵抗侵蚀能力。但是 $D=3.5$ cm 时土体抵抗侵蚀能力只有少量增强，证明随着桩间距减小土体抵抗侵蚀能力增加但增加幅度会越来越小。

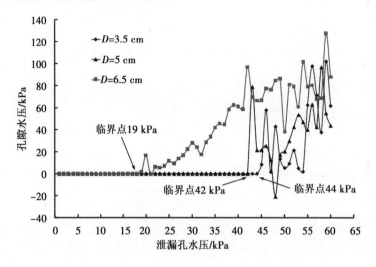

图 5.19　三种不同桩间距 5 号点水压变化

图 5.20 对比了上述三种不同桩间距情况下达到临界水压前土体颗粒侵蚀破坏的演变过程。如图 5.20(a) 所示，桩间距较大时，因为临空面较大，土体在达到临界水压发生破坏前就已发生明显土体滑移，侵蚀破坏是渐进过程。随着桩间距减小，临界水压前的局部侵蚀现象逐渐不明显，如图 5.20(b) 所示，土体发生破坏前只是临空面小部分土体发生剥落。而对于图 5.20(c) 所示，土体破坏发生在瞬间，达到临界水压前的土体局部破坏并不明显。

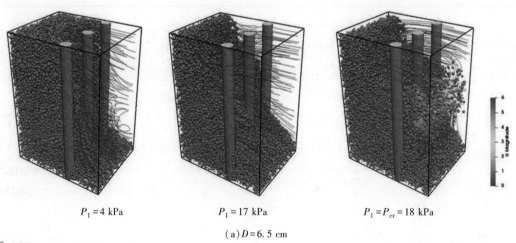

$P_1 = 4$ kPa　　　　　　$P_1 = 17$ kPa　　　　　　$P_1 = P_{cr} = 18$ kPa

(a) $D = 6.5$ cm

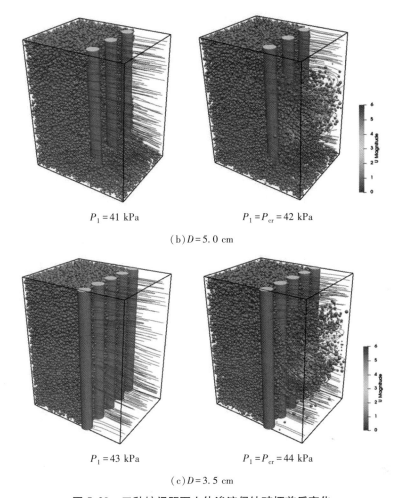

$P_1 = 41$ kPa　　　　　　　$P_1 = P_{cr} = 42$ kPa

(b)$D = 5.0$ cm

$P_1 = 43$ kPa　　　　　　　$P_1 = P_{cr} = 44$ kPa

(c)$D = 3.5$ cm

图 5.20　三种桩间距下土体渗流侵蚀破坏前后变化

5.5.2　密实度

通过对三种不同密实程度的土体进行数值模拟来讨论密实度对桩间土渗流侵蚀破坏的影响。三种土体除了密实度外，其余参数设置都与上面室内实验指标相同。有关于土体相对密实度的计算见表 5.5，采用密实、中密、松散(见表 5.6)各一组土体进行模拟，以观察其破坏发展过程以及临界水压的变化规律。密实度对土体受水流侵蚀破坏时临界水压的影响如图 5.21 所示，密实程度越高土体抵抗侵蚀破坏能力越强，临界水压也越大。此外还监测了三种密实度土体在破坏前后的泄漏口竖直剖面土体孔隙率和颗粒运移的变化，如图 5.22 和图 5.23 所示，由图可知密实度较高的土体在临界水压前颗粒运移并不明显，破坏多发生在瞬时；密实度较低的土体发生破坏的过程有明显的递进过程，破坏也更多是内部渗流通道的发展和累积。对于密实度较高的土体，破坏时的渗流通道往往从临空面开始发展；对于密实度较低的土体，由于结构疏松渗流通道更容易在内部先行发展。

表 5.5 密实度相关参数计算

	物理指标	实际值
原始数据	最大干密度 $\rho_{dmax}/(g/cm^3)$	1.694
	最小干密度 $\rho_{dmin}/(g/cm^3)$	1.428
	相对密度 d_s	2.649
计算值	最大孔隙比 e_n	0.855
	最小孔隙比 e_{min}	0.565

表 5.6 三种不同密实度土样

样本编号	样本孔隙率 n	孔隙比 e	相对密实度 D_r	密实度
1	0.377	0.605	0.862	密实
2	0.411	0.695	0.541	中密
3	0.444	0.799	0.193	松散

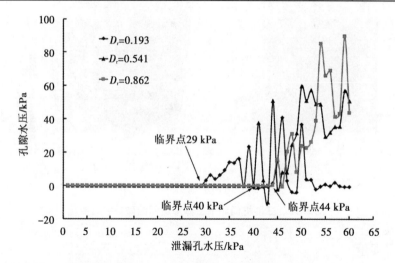

图 5.21 三种不同密实度土体 5 号点水压变化

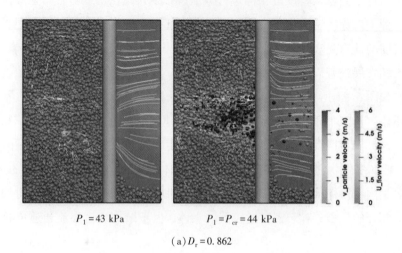

$P_1 = 43$ kPa $P_1 = P_{cr} = 44$ kPa

(a) $D_r = 0.862$

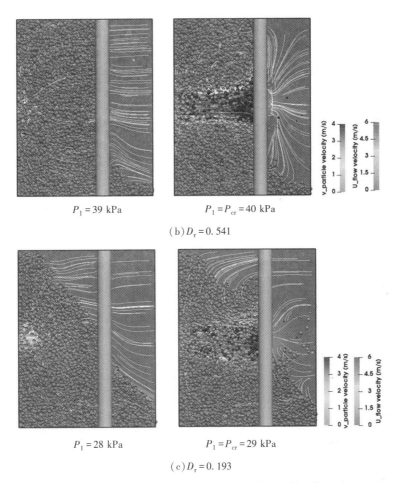

$P_1 = 39$ kPa　　　　　　$P_1 = P_{cr} = 40$ kPa

(b) $D_r = 0.541$

$P_1 = 28$ kPa　　　　　　$P_1 = P_{cr} = 29$ kPa

(c) $D_r = 0.193$

图 5.22　三种不同密实度土体临界水压前后土体颗粒运移

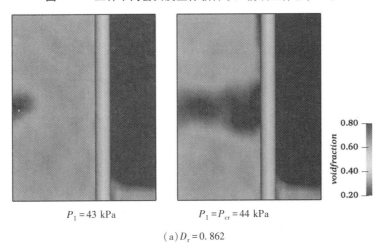

$P_1 = 43$ kPa　　　　　　$P_1 = P_{cr} = 44$ kPa

(a) $D_r = 0.862$

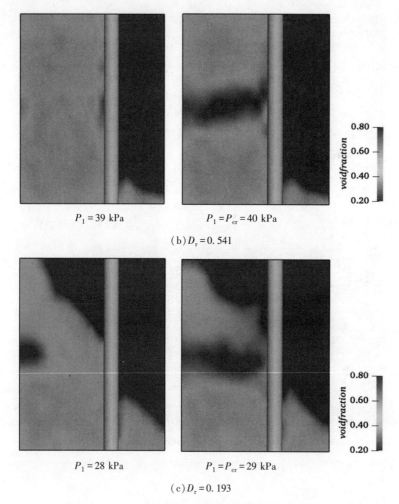

$P_1 = 39$ kPa $P_1 = P_{cr} = 40$ kPa

(b)$D_r = 0.541$

$P_1 = 28$ kPa $P_1 = P_{cr} = 29$ kPa

(c)$D_r = 0.193$

图 5.23　三种不同密实度土体临界水压前后孔隙率变化

5.5.3　桩土摩擦系数

　　桩土摩擦系数作为反映实际工程中桩身材料与土体的相互作用关系的参数，也是桩间土渗流侵蚀破坏研究的重点，而室内实验由于设备限制难以改变桩土摩擦系数，故通过数值模拟探究不同桩土摩擦系数下土体的侵蚀破坏发展过程。本小节参考室内实验以及文献资料，选取三种桩土界面进行有关分析，具体参数如表 5.7 所示。

表 5.7　三种不同桩土界面选取

样本编号	桩身材料	对应实际工程	滑动摩擦系数 μ_s	滚动摩擦系数 μ_r
1	有机玻璃	室内实验	0.155	0.045
2	钢材	钢桩	0.365	0.070
3	混凝土	混凝土桩	0.821	0.080

　　三种不同桩土界面的数值模拟中，除桩土摩擦系数外，其余参数设置都与室内实验指标相同。5 号监测点水压变化如图 5.24 所示，从中可知混凝土桩的抵抗渗流侵蚀破坏

的能力最强，钢桩次之，有机玻璃桩最弱。但在桩土摩擦系数变化较大的情况下，临界破坏水压相差不大，因此桩土摩擦系数的增加只能小幅增加土体抵抗侵蚀破坏的能力。不同桩土摩擦系数下颗粒运移及孔隙率变化情况如图 5.25 和图 5.26 所示，从图中可知其破坏模式和过程基本相同。

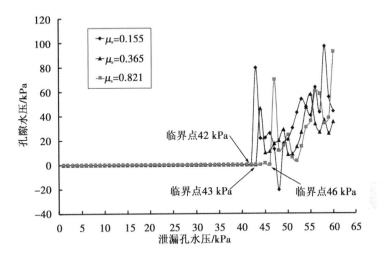

图 5.24　三种不同桩土界面 5 号点水压变化

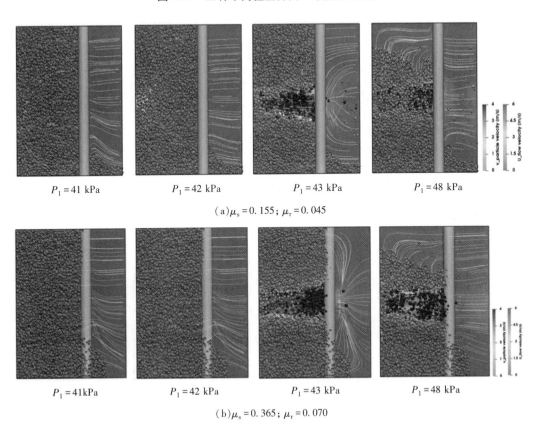

$P_1 = 41$ kPa　　$P_1 = 42$ kPa　　$P_1 = 43$ kPa　　$P_1 = 48$ kPa

(a)$\mu_s = 0.155$；$\mu_r = 0.045$

$P_1 = 41$kPa　　$P_1 = 42$ kPa　　$P_1 = 43$ kPa　　$P_1 = 48$ kPa

(b)$\mu_s = 0.365$；$\mu_r = 0.070$

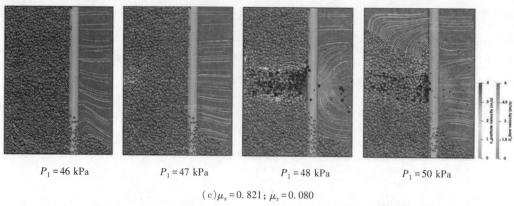

$P_1 = 46$ kPa $P_1 = 47$ kPa $P_1 = 48$ kPa $P_1 = 50$ kPa

(c) $\mu_s = 0.821$；$\mu_r = 0.080$

图5.25　三种不同桩土界面土体临界水压前后土体颗粒运移变化

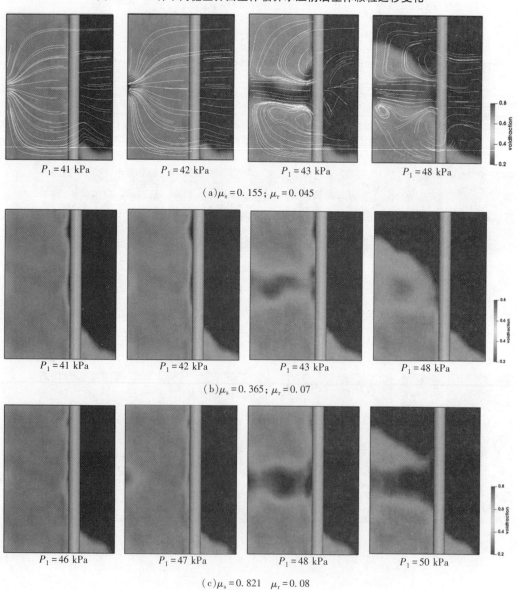

$P_1 = 41$ kPa $P_1 = 42$ kPa $P_1 = 43$ kPa $P_1 = 48$ kPa

(a) $\mu_s = 0.155$；$\mu_r = 0.045$

$P_1 = 41$ kPa $P_1 = 42$ kPa $P_1 = 43$ kPa $P_1 = 48$ kPa

(b) $\mu_s = 0.365$；$\mu_r = 0.07$

$P_1 = 46$ kPa $P_1 = 47$ kPa $P_1 = 48$ kPa $P_1 = 50$ kPa

(c) $\mu_s = 0.821$　$\mu_r = 0.08$

图5.26　三种不同桩土界面土体临界水压前后土体孔隙率变化

5.5.4　土体级配

土体级配是影响土体渗流特性的重要因素，因此也在很大程度上影响桩间土渗流侵蚀破坏的特性。本小节以室内实验参数为基准，讨论了三种均匀土体的侵蚀破坏过程，土体级配参数值如表 5.8 所示，数值模型见图 5.27，不均匀系数较小时土样中细颗粒含量较多，不均匀系数较大时土样中的粗颗粒含量增高，其余参数设置保持不变。

表 5.8　土体级配参数值

试样标号	相应通过率的颗粒					C_u	C_c
	D_{10}	D_{20}	D_{30}	D_{60}	D_{70}		
1	0.183	0.23	0.25	0.28	0.50	1.53	1.2
2	0.187	0.25	0.31	0.42	0.50	2.25	1.2
3	0.165	0.27	0.33	0.54	0.61	3.28	1.2

不同级配土的不均匀系数对土体渗流侵蚀破坏临界水压的影响如图 5.28 所示，当不均匀系数较小时，土体抵抗渗流侵蚀破坏的临界水压较小；当不均匀系数较大时，土体发生渗流侵蚀破坏的临界水压较大。土体侵蚀破坏的具体过程如图 5.29 和图 5.30 所示，可见当细粒土占比较大时，随着水压增加细粒土流失后土体结构更加松散从而导致土体更易受侵蚀；而当粗颗粒占比较大时，即便在渗流中细颗粒流失，粗颗粒也能形成稳定的土体结构，仍具有良好的抵抗渗流侵蚀破坏的能力。

（a）$C_u = 1.53$

（b）$C_u = 2.25$

（c）$C_u = 3.28$

图 5.27　三种不同级配土的数值模型示意图

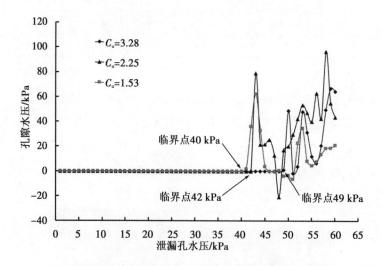

图 5.28　三种不同级配土 5 号点水压变化

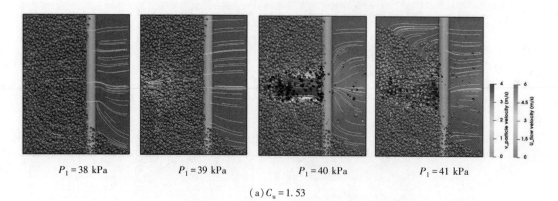

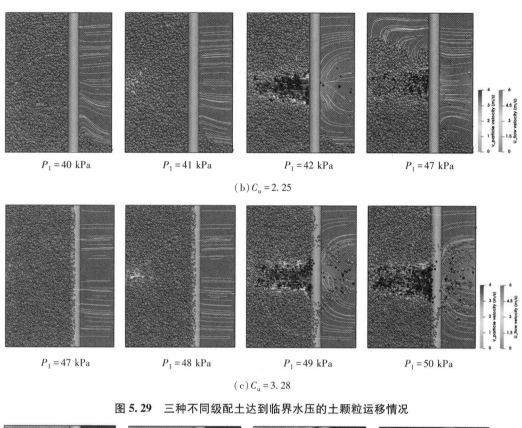

（b）$C_u = 2.25$

（c）$C_u = 3.28$

图 5.29　三种不同级配土达到临界水压的土颗粒运移情况

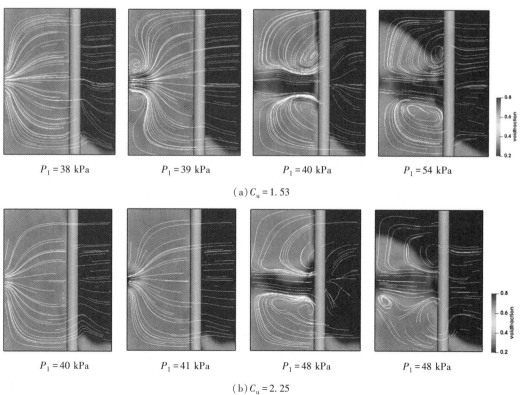

（a）$C_u = 1.53$

（b）$C_u = 2.25$

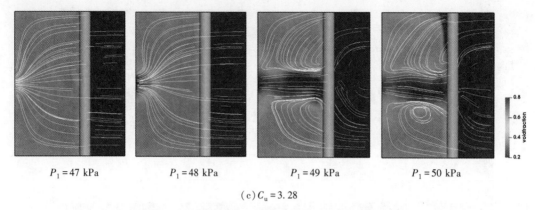

| $P_1=47$ kPa | $P_1=48$ kPa | $P_1=49$ kPa | $P_1=50$ kPa |

(c) $C_u=3.28$

图 5.30 三种不同级配土临界水压前后土体孔隙率变化

5.5.5 渗漏口水平和向上条件下桩间砂土渗流侵蚀破坏的临界破坏流量关系

为了研究渗漏口在水平和竖直向上条件下渗流侵蚀破坏临界流量之间的关系，将研究桩间距影响的数值模型的渗漏口方向调整为竖直向上且桩在上端并重新计算，结果如表 5.9 中所示。

表 5.9 渗漏口水平和竖直向上条件下不同桩间距渗流侵蚀的临界破坏流量

桩间距 D/cm	桩间距与桩径比 D/d	水平 临界破坏流量 Q_{Hc}/(mL/s)	竖直向上 临界破坏流量 Q_{Vc}/mL/s	Q_{Hc}/Q_{Vc}
3.5	1.75	605	913	0.66
5.0	2.50	554	880	0.63
6.5	3.25	491	829	0.59

由表 5.9 可知，相同桩间距时渗漏口竖直向上条件下的临界破坏流量 Q_{Vc} 比渗漏口水平条件下的临界破坏流量 Q_{Hc} 大，并且都随着桩间距的增大而减小，其主要原因是竖直向上渗流侵蚀破坏主要克服的是砂颗粒的有效重力，而水平渗流侵蚀破坏主要克服的为上覆压力所产生的土颗粒之间的摩擦力。水平与竖直渗流侵蚀破坏的临界破坏流量比随着间径比(桩间距与桩径之比)的增大而减小，桩间距对水平渗流侵蚀破坏的影响要大于竖直向上渗流侵蚀破坏，其原因为竖直向上的渗流侵蚀破坏是由于渗透力大于等于砂颗粒的有效重力，破坏时砂土的有效应力为零，桩土之间的摩擦力很小，而水平渗流侵蚀破坏时，砂土受到的作用力不只是渗流产生的渗透力，还有砂土本身的侧压力，而桩间距较大时，桩间土体的侧压力会增大，更易导致土体破坏。

渗漏口水平与竖直向上条件下桩间砂土的临界破坏流量比和间径比的拟合关系如图5.31 所示，从图中可以看出水平与竖直向上渗流侵蚀破坏的临界破坏流量比与间径比呈线性关系。

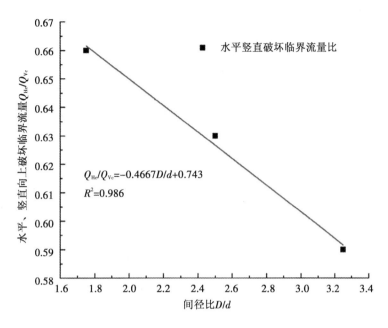

图 5.31　Q_{Hc}/Q_{Vc} 与 D/d 拟合曲线

综上所述，基于 CFD-DEM 固液耦合方法对管道渗漏导致桩间砂土渗流侵蚀破坏进行了模拟，从细观层面上对渗流侵蚀破坏的发展机理和影响因素有了更深认识，得出如下结论。

① 基于 IAGA-M-SVR 模型建立了土体宏细观参数之间的关系，对模拟所用砂的细观参数进行了反演并与文献的研究成果进行了对比。其中对宏观参数影响较大的颗粒杨氏模量和滑动摩擦系数的预测结果较为精确，该方法为离散元宏细观参数标定提供了一种新思路。

② 水平渗流侵蚀破坏过程可分为启动、发展、破坏三个阶段。从发展破坏机理上看，破坏过程首先是从轻微渗漏导致临空面土体脱落开始，随着水压在快要达到临界水压时，孔隙率增大，泄漏口附近由于土体压密及水流侵蚀作用开始出现孔洞。随后在水力梯度最大的渗漏口和临空面的水平连线上的土体颗粒不断流失，直至发展成为渗流通道，通道上方土体开始塌陷，土体结构发生渗流侵蚀破坏。

③ 分析了桩间距、砂土密实度、桩土摩擦系数以及砂土级配对桩间砂土抵抗渗流侵蚀破坏能力的影响。其中，桩间距对于临界水压的影响最为明显，随着桩间距减小，破坏模式从局部阶段破坏向整体瞬时破坏转变，桩间距过大将会极大地削弱其抗侵蚀破坏能力，但是桩间距小到一定程度后其减小时增加临界水压的作用便不再明显。砂土密实度决定了渗流初期砂土结构是否紧密，若砂土密实度较大则砂土较难发生侵蚀破坏，但破坏时更趋于瞬时破坏；若密实度较低，则破坏开始较早且更有阶段性。桩土摩擦系数增大能够提高砂土抵抗侵蚀的能力，但是提高的程度较低。砂土级配对于临界水压的影响较大，不均匀系数较小的砂土体，细粒土占比较大时，随着水压的增加细粒土流失后

砂土体结构更加松散从而导致砂土体更易受侵蚀，砂土体抵抗渗流侵蚀破坏的能力较小；当不均匀系数较大，粗颗粒占比较大时，即便细颗粒流失较多，粗颗粒也可以保持稳定结构，故抵抗侵蚀破坏能力较强。

④ 通过数值模拟得到了不同桩间距条件下水平与竖直向上渗流侵蚀的临界破坏流量，对 Q_{Hc}/Q_{Vc} 与 D/d 进行了拟合，线性拟合效果最佳，Q_{Hc}/Q_{Vc} 随着 D/d 的增大而减小。

第6章 紧邻地铁基坑流固冻融耦合力学特性

针对紧邻地铁基坑流固冻融耦合力学特性，通过紧邻地铁基坑建模，开展紧邻地铁 N-O 段基坑施工流固耦合力学分析、紧邻地铁 N-O 段基坑流固冻融演化力学分析、紧邻地铁 N-O 段基坑流固冻融演化力学分析、紧邻地铁 P-Q 段基坑施工流固耦合力学分析、紧邻地铁 P-Q 段基坑流固冻融耦合力学分析和紧邻地铁 P-Q 段基坑流固冻融演化力学分析。

紧邻地铁基坑历年气温与降水量变化情况如图 6.1 和图 6.2 所示。

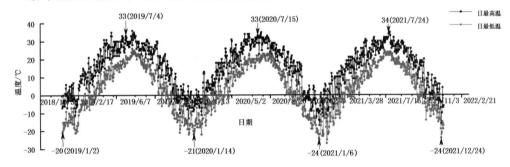

图 6.1 气温变化图

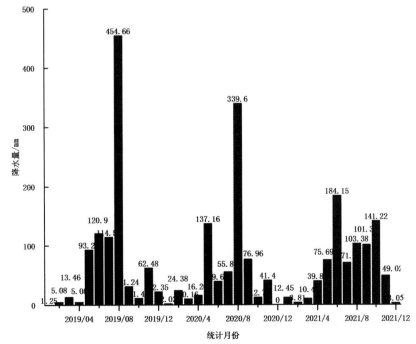

图 6.2 降水量变化图

6.1 紧邻地铁基坑模型

针对紧邻地铁基坑流固耦合冻融力学特性,建立 2 种情况模型(如图 6.3 和图 6.4 所示),基坑岩土与结构材料物理力学指标如表 6.1 至表 6.6 所列。

紧邻地铁 N-O 段基坑流固冻融耦合力学分析模型中,由于地铁隧道紧邻基坑,4 排锚索支护分为上下两部分,紧邻基坑采取双桩支护。紧邻地铁 P-Q 段基坑流固冻融耦合力学分析模型中,由于地铁隧道紧邻基坑,5 排锚索支护,紧邻基坑采取单桩支护。

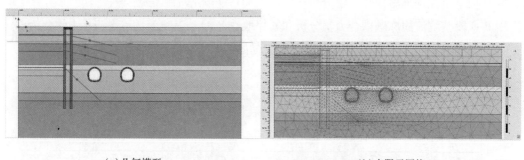

|(a)几何模型|(b)有限元网格|

图 6.3 紧邻地铁 N-O 段基坑分析模型

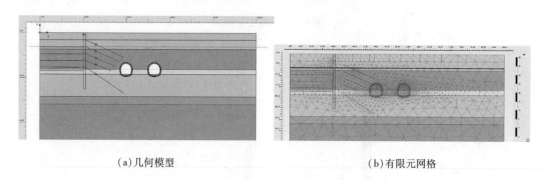

|(a)几何模型|(b)有限元网格|

图 6.4 紧邻地铁 P-Q 段基坑分析模型

表 6.1 基坑工程设计参数表

岩土名称	天然重度 γ/(kN/m³)	三轴压缩(CU)		抗压强度 σ_c/MPa	抗拉强度 σ_t/MPa	渗透系数 k/(m/d)/(m/s)
		黏聚力 c_{cuk}/kPa	内摩擦角 φ_{cuk}/(°)			
杂填土	(21.0)	(10.0)	(10.0)			(5.0)/5.79×10⁻⁵
粉质黏土	19.1	31.0	10.3			0.35/4.05×10⁻⁶
粉质黏土	19.2	31.8	11.2			0.35/4.05×10⁻⁶
粉质黏土	19.5	32.2	10.9			0.26/3.01×10⁻⁶
含砂粉黏土	19.1	30.0	13.0			0.68/7.87×10⁻⁶
粗砂	(20.5)	(3.0)	(35.0)			42.0/4.86×10⁻⁴
全风化泥岩	19.7	43.7	14.6			0.62/7.18×10⁻⁶
强风化泥岩	20.5	(60.0)	(25.0)			−0.55/6.37×10⁻⁶
中等风化泥岩	21.5	(100.0)	(30.0)			−0.50/5.79×10⁻⁶
表土层	20.0		10.0	0.50	0.05	
粉砂岩	27.0		35.0	60.0	4.00	
细砂岩	27.0		35.0	70.0	4.60	
中砂岩	27.0		35.0	70.0	4.60	
黏土岩	25.0		30.0	15.0	1.50	
煤层	13.0		25.0	15.0	1.00	
充填体	20.0		35.0	5.0	0.25	

表 6.2 地基土承载力和桩基设计参数表

岩土名称	天然地基		泊松比 ν	长螺旋钻孔压灌混凝土桩	
	承载力特征值 f_{ak}/kPa	压缩模量 E_s/MPa	变形模量 E_0/MPa		侧阻力特征值 q_{sa}/kPa	端阻力特征值 q_{pa}/kPa
粉质黏土	200	5.5	(12.50)	0.35	—	—
粉质黏土	210	5.5	(13.13)	0.32	—	—
粉质黏土	230	5.9	(14.38)	0.32	—	—
含砂粉质黏土	260	9.0	(16.25)	0.30	—	—
粗砂	300	—	(25.0)(18.75)	0.28	—	—
全风化泥岩	300	16.2	(18.75)	0.28	40	—
强风化泥岩	400	—	(25.0)(25.00)	0.26	80	1100
中等风化泥岩	700	—	(60.0)(43.75)	0.22	110	1450
表土层			10.0	0.20		
粉砂岩			48.0	0.25		
细砂岩			50.0	0.30		
中砂岩			50.0	0.27		
黏土岩			20.0	0.20		
煤层			15.0	0.30		
充填体			4.5	0.22		

表 6.3　地基土承载力和桩基设计参数续表

岩土名称	人工挖孔桩		钻孔灌注桩	
	侧阻力特征值 q_{sa}/kPa	端阻力特征值 q_{pa}/kPa	侧阻力特征值 q_{sa}/kPa	端阻力特征值 q_{pa}/kPa
全风化泥岩	45	—	40	—
强风化泥岩	80	—	80	—
中等风化泥岩	110	2850	110	1350

表 6.4　地基土的冻胀性评价表

岩土名称	冻胀类别	冻胀等级	判定依据
			依据经验判定
杂填土	强冻胀	IV	
粉质黏土	强冻胀	IV	$w=27.0$，$w_p=20.7$，$w_p+5<w\leq w_p+9$，$h_w\leq 2.0m$
粉质黏土	强冻胀	IV	$w=26.5$，$w_p=20.8$，$w_p+5<w\leq w_p+9$，$h_w\leq 2.0m$
粉质黏土	强冻胀	IV	$w=26.5$，$w_p=20.8$，$w_p+5<w\leq w_p+9$，$h_w\leq 2.0m$

表 6.5　抗浮方案设计参数表

岩土名称	抗拔系数 λ	抗浮锚杆的黏结强度特征值 f_{rb}/kPa
粉质黏土	0.75	22
粉质黏土	0.75	26
含砂粉质黏土	0.70	28
粗砂	0.60	50
全风化泥岩	0.70	40
强风化泥岩	0.70	80
中等风化泥岩	0.70	110

表 6.6 热冻融参数

岩土材料	比热容/(kJ/t/K)	导热系数/热传导率/(kW/m/K)	密度/(t/m³)	X 方向热膨胀系数/(1/K)	Y 方向热膨胀系数/(1/K)	Z 方向热膨胀系数/(1/K)
钢筋	460	0.00582	7.8	13×10^{-6}	13×10^{-6}	13×10^{-6}
岩泡棉	840	0.00050	0.07			
矿泡棉	840	0.00050	0.07			
流砂土	850	0.00200	2.1	8×10^{-6}	8×10^{-6}	8×10^{-6}
混凝土	900	0.00174	2.5	10×10^{-6}	10×10^{-6}	10×10^{-6}
沙石	920	0.00058	1.6			
砂土	1000	0.00100	2.6	0.5×10^{-6}	0.5×10^{-6}	0.5×10^{-6}
黏土	1010	0.00160	2.0			
黏泥土	1010	0.00047	1.2			
水	4200	0.00059	1.0	210×10^{-6}	210×10^{-6}	210×10^{-6}
冰	2100	0.00222	0.9	51×10^{-6}	51×10^{-6}	51×10^{-6}

6.2 紧邻地铁 N-O 段基坑施工流固耦合力学分析

紧邻地铁 N-O 段基坑施工流固耦合力学分析图如图 6.5 所示：由图 6.5(a)地下水水头和压力场等值线分布云图可知，基坑边壁向基坑侧凸起，基坑地表向外侧隆起，隧道向基坑外侧位移大于隆起；由图 6.5(b)地下水渗流场等值线云图与矢量分布图可知，基坑边壁有隔水作用，基坑边壁向基坑侧凸起，基坑地表向外侧隆起明显；由图 6.5(c)总位移云图与网格形变图可知，基坑边壁隆起量大，隧道隆起量小；由图 6.5(d)总沉降位移云图与矢量分布图和图 6.5(e)剪应力与体积应力分布云图可知，基坑内侧水压降明显；由图 6.5(f)剪应变与相对剪应变分布云图可知，基坑内侧水压降明显，基坑地表向外侧隆起；由图 6.5(g)弹塑性点分布图可知，基坑地表向外侧隆起，基坑边壁地表出现拉塑性点分布，容易出现开裂破坏。

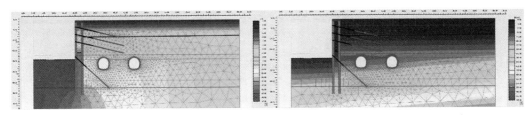

(a)地下水水头和压力场等值线分布云图

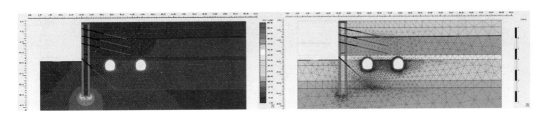

(b)地下水渗流场等值线云图与矢量分布图

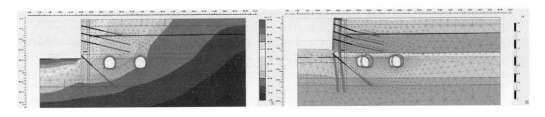

(c)总位移云图与网格形变图

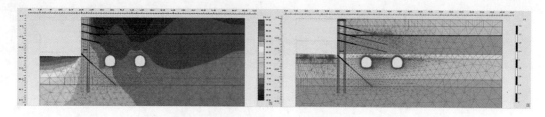

（d）总沉降位移云图与矢量分布图

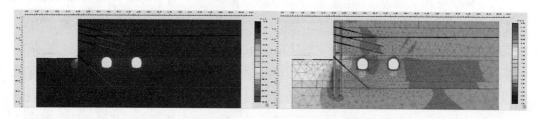

（e）剪应力与体积应力分布云图

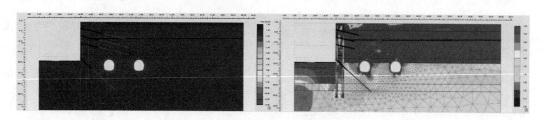

（f）剪应变与相对剪应变分布云图

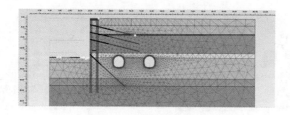

（g）弹塑性点分布图

图 6.5　紧邻地铁 N-O 段基坑施工流固耦合力学分析图

6.3　紧邻地铁 N-O 段基坑流固冻融耦合力学分析

　　紧邻地铁 N-O 段基坑流固冻融耦合力学分析图如图 6.6 所示：由图 6.6（a）温度分布等值线云图可知，冻融发生在开挖面和地表附近；由图 6.6（b）热流量矢量分布图可知，由于基坑边壁出现冻融，基坑边壁、坑底和地表热流量矢量分布最大；由图 6.6（c）主应力方向分布云图可知，基坑边壁分布最大；由隧道围岩分布最大；图 6.6（d）相对剪应力分布云图可知，基坑边壁分布大，隧道围岩分布大；由图 6.6（e）总主应变角度变化云图可知，基坑边壁分布变化大，隧道围岩分布变化大；由图 6.6(f)总偏应变分布云图可知，分布相对变化比较均匀。

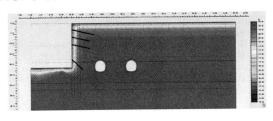

(a)温度分布等值线云图

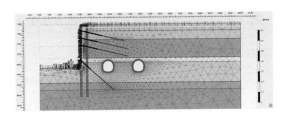

(b)热流量矢量分布图

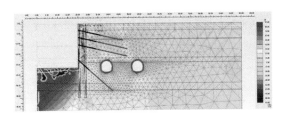

(c)主应力方向分布云图

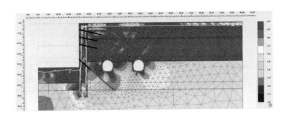

(d)相对剪应力分布云图

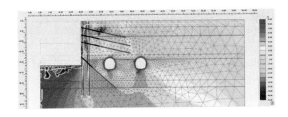

(e)总主应变角度变化云图

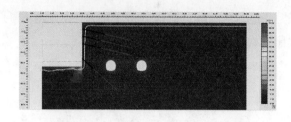

(f)总偏应变分布云图

图6.6 紧邻地铁 N-O 段基坑流固冻融耦合力学分析图

6.4 紧邻地铁 N-O 段基坑流固冻融演化力学分析

① 紧邻地铁 N-O 段基坑流固冻融初冬、隆冬和冬末演化情况如图 6.7 所示,初冬(平均气温-13 ℃)地面冻深 1.0 m、隆冬(平均气温-26 ℃)冻深 1.6 m、冬末(平均气温-13 ℃)冻深 1.8 m。

初冬基坑边壁桩板出现明显大变形,左右侧隧道平移变形,左侧隧道平移量比右侧大 3 倍[如图 6.7(a)和图 6.7(b)所示]。

隆冬基坑边壁桩板出现明显大变形,左侧隧道平移变形比右侧大 5 倍[如图 6.7(c)和图 6.7(d)所示]。

冬末基坑边壁桩板出现明显大变形,左侧隧道平移变形比右侧大 6 倍[如图 6.7(e)和图 6.7(f)所示]。

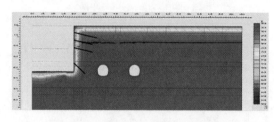

(a)初冬温度分布等值线云图

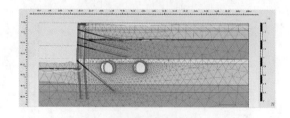

(b)初冬网格形变分布图

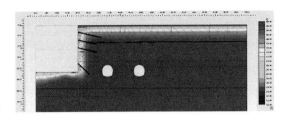

(c)隆冬温度分布等值线云图

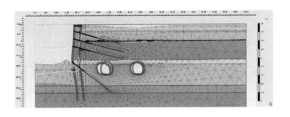

(d)隆冬网格形变分布云图

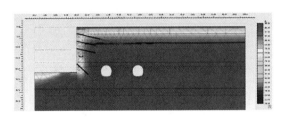

(e)冬末温度分布等值线云图

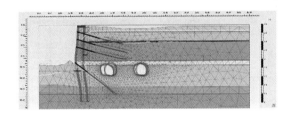

(f)冬末网格形变分布云图

图 6.7 紧邻地铁 N-O 段基坑流固冻融初冬、隆冬和冬末演化图

② 紧邻地铁 N-O 段基坑流固冻融初冬、隆冬和冬末演化破坏增量位移如图 6.8 所示;初冬破坏分布于基坑边壁桩板第 1、3 排锚索处[如图 6.8(a)所示];隆冬破坏分布于基坑边壁桩板第 1~4 排锚索处[如图 6.8(c)所示];冬末破坏分布于基坑边壁桩板第 1、2、4 排锚索处[如图 6.8(e)所示]。

图 6.8 中左右侧隧道拱脚、仰拱、拱顶处出现破坏分布,冬末基坑边壁桩板出现明显大变形,为防止流固冻融冻胀可以考虑可缩性锚索支护。

③ 锚索结构拉力:$N_1 = 222.977$ kN,$N_2 = 1136.119$ kN,$N_3 = 1755.630$ kN,$N_4 = 1671.499$ kN。

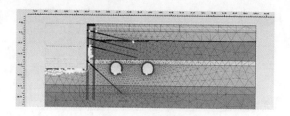

（a）初冬破坏分布图

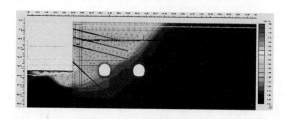

（b）初冬增量位移等值线云图

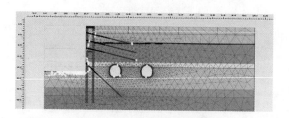

（c）隆冬破坏分布图

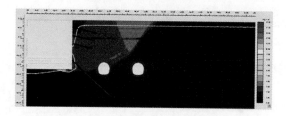

（d）隆冬增量位移等值线云图

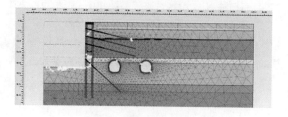

（e）冬末破坏分布图

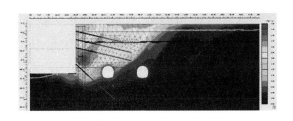

（f）冬末增量位移等值线云图

图 6.8 紧邻地铁 N-O 段基坑流固冻融初冬、隆冬和冬末演化破坏增量位移图

④ 紧邻地铁 N-O 段基坑流固冻融初冬、隆冬和冬末地表总位移如图 6.9 所示：初冬地表总位移 59 mm［如图 6.9（a）所示］、隆冬地表总位移 88mm［如图 6.9（b）所示］、冬末地表总位移 98 mm［如图 6.9（c）所示］。

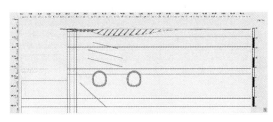

（a）初冬地表总位移矢量分布图

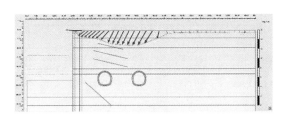

（b）隆冬地表总位移矢量分布图

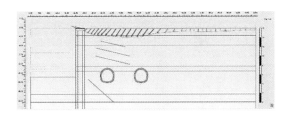

（c）冬末地表总位移矢量分布图

图 6.9 紧邻地铁 N-O 段基坑流固冻融初冬、隆冬和冬末地表总位移图

⑤ 紧邻地铁 N-O 段基坑流固冻融初冬、隆冬和冬末基坑边壁总位移如图 6.10 所示；初冬基坑边壁总位移 43 mm［如图 6.10（a）所示］；隆冬基坑边壁总位移 120 mm［如图 6.10（b）所示］；冬末基坑边壁总位移 135 mm［如图 6.10（c）所示］。

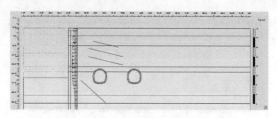

（a）初冬-基坑边壁总位移矢量分布图

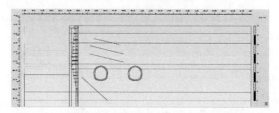

（b）隆冬基坑边壁总位移矢量分布图

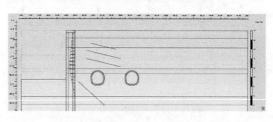

（c）冬末基坑边壁总位移矢量分布图

图 6.10　紧邻地铁 N-O 段基坑流固冻融初冬、隆冬和冬末基坑边壁总位移图

⑥ 紧邻地铁 N-O 段基坑流固冻融初冬、隆冬和冬末隧道拱顶剪应力如图 6.11 所示：初冬隧道拱顶剪应力 2117 kN/m² [如图 6.11（a）所示]、隆冬隧道拱顶剪应力 2323 kN/m² [如图 6.11（b）所示]、冬末隧道拱顶剪应力 2620 kN/m² [如图 6.11（c）所示]，应加强隧道拱剪支护强度，增加抗剪应力。

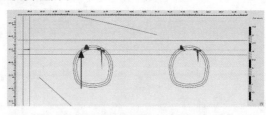

（a）初冬隧道拱顶剪应力分布图

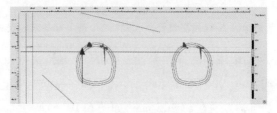

（b）隆冬隧道拱顶剪应力分布图

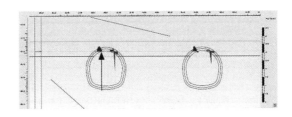

(c)冬末隧道拱顶剪应力分布图

图 6.11　紧邻地铁 N-O 段基坑流固冻融初冬、隆冬和冬末隧道拱顶剪应力图

⑦ 紧邻地铁 N-O 段基坑流固冻融初冬、隆冬和冬末隧道拱脚剪应力如图 6.12 所示：初冬隧道拱脚剪应力 2477 kN/m^2[如图 6.12(a)所示]，隆冬隧道拱脚剪应力 2823 kN/m^2[如图 6.12(b)所示]，冬末-13 ℃温度隧道拱脚剪应力 3680 kN/m^2[如图 6.12(c)所示]。

图 6.12 中应当加强隧道拱脚支护强度，增加抗剪应力。

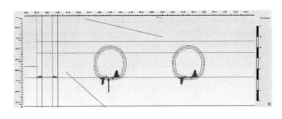

(a)初冬隧道拱脚剪应力分布图

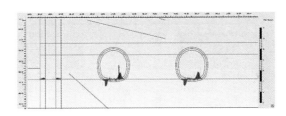

(b)隆冬隧道拱脚剪应力分布图

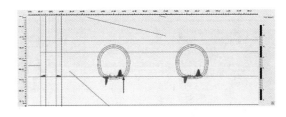

(c)冬末隧道拱脚剪应力分布图

图 6.12　紧邻地铁 N-O 段基坑流固冻融初冬、隆冬和冬末隧道拱脚剪应力图

6.5 紧邻地铁 P-Q 段基坑施工流固耦合力学分析

紧邻地铁 P-Q 段基坑施工流固耦合力学分析图如图 6.13 所示：由图 6.13（a）地下水水头和压力场等值线分布云图可知，基坑边壁向基坑侧凸起，基坑地表向外侧隆起，隧道向基坑外侧位移大于隆起；由图 6.13（b）地下水渗流场等值线云图与矢量分布图可知，基坑边壁有隔水作用，基坑边壁向基坑侧凸起，基坑地表向外侧隆起明显；由图 6.13（c）总位移云图与网格形变图可知，基坑边壁隆起量大，隧道隆起量小；由图 6.13（d）总沉降位移云图与矢量分布图和图 6.13（e）剪应力与体积应力分布云图可知，基坑内侧水压降明显；由图 6.13（f）剪应变与相对剪应变分布云图可知，基坑内侧水压降明显，基坑地表向外侧隆起；由图 6.13（g）弹塑性点分布图可知，基坑地表向外侧隆起，基坑边壁地表出现拉塑性点分布，容易出现开裂破坏。

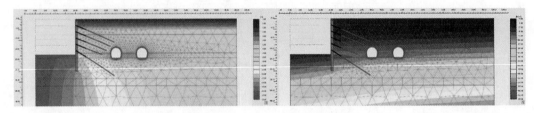

(a) 地下水水头和压力场等值线分布云图

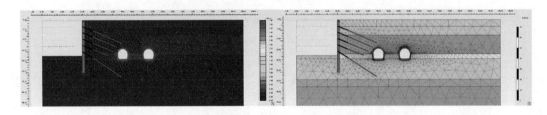

(b) 地下水渗流场等值线云图与矢量分布图

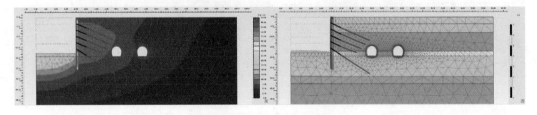

(c) 总位移云图与网格形变图

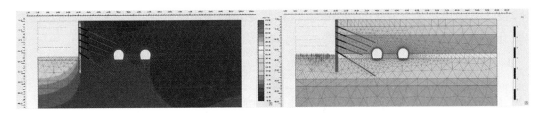

(d)总沉降位移云图与矢量分布图

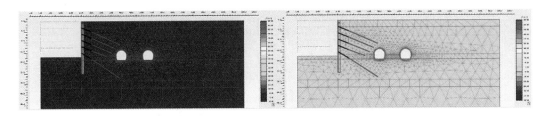

(e)剪应力与体积应力分布云图

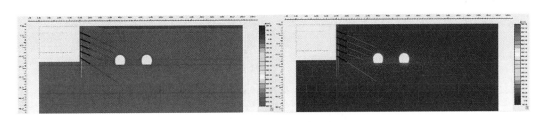

(f)剪应变与相对剪应变分布云图

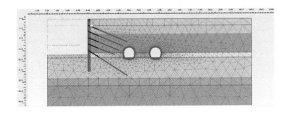

(g)弹塑性点分布图

图 6.13　紧邻地铁 P-Q 段基坑施工流固耦合力学分析图

6.6　紧邻地铁 P-Q 段基坑流固冻融耦合力学分析

　　紧邻地铁 P-Q 基坑流固冻融耦合力学分析图如图 6.14 所示：由图 6.14(a)温度分布等值线云图可知，冻融发生在开挖面和地表附近；由图 6.14(b)热流量矢量分布图可知，由于基坑边壁出现冻融，基坑边壁、坑底和地表热流量矢量分布最大；由图 6.14(c)主应力方向分布云图可知，基坑边壁分布最大，隧道围岩分布最大；由图 6.14(d)相对剪应力分布云图可知，基坑边壁分布大，隧道围岩分布大；由图 6.14(e)总主应变角度变化云图可知，基坑边壁分布大，由隧道围岩分布大；由图 6.14(f)总偏应变分布云图可知，分布相对比较均匀。

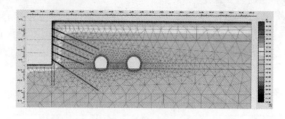

(a)温度分布等值线云图

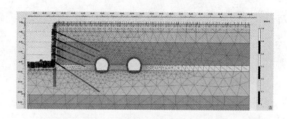

(b)热流量矢量分布图

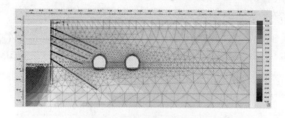

(c)主应力方向分布云图

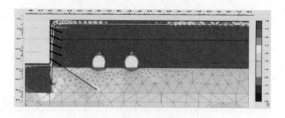

(d)相对剪应力分布云图

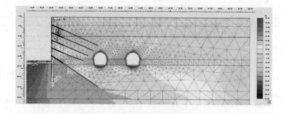

(e)总主应变角度变化云图

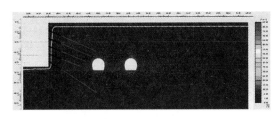

(f)总偏应变分布云图

图 6.14　紧邻地铁 P-Q 段基坑流固冻融耦合力学分析图

6.7　紧邻地铁 P-Q 段基坑流固冻融演化力学分析

① 紧邻地铁 P-Q 段基坑流固冻融初冬、隆冬和冬末演化情况如图 6.15 所示。

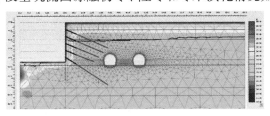

(a)初冬温度分布等值线云图

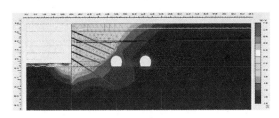

(b)初冬热流量分布等值线云图

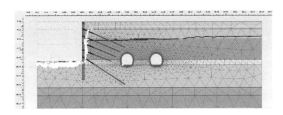

(c)隆冬温度分布等值线云图

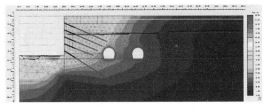

(d)隆冬热流量分布等值线云图

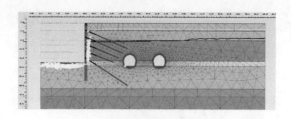

(e)冬末温度分布等值线云图

(f)冬末热流量分布等值线云图

图 6.15　紧邻地铁 P-Q 段基坑流固冻融初冬、隆冬和冬末演化图

初冬地面冻深 1.0 m[如图 6.15(a)和图 6.15(b)所示]。隆冬冻深 1.6 m[如图 6.15(c)和图 6.15(d)所示]、冬末冻深 1.8 m[由图 6.15(c)和图 6.15(c)所示]。

② 紧邻地铁 P-Q 段基坑流固冻融初冬、隆冬和冬末演化破坏增量位移如图 6.16 所示：初冬破坏分布于基坑边壁桩板第 1、2 排锚索处，基坑边壁大变形影响到左侧隧道[如图 6.16(a)和图 6.16(b)所示]；隆冬破坏分布于基坑边壁桩板第 1~5 排锚索处，基坑边壁大变形影响到左、右侧隧道，左侧隧道变形影响比右侧大，扩展影响程度加大[如图 6.16(c)和图 6.16(d)所示]；冬末破坏分布于基坑边壁桩板第 1~5 排锚索处[如图 6.16(e)和图 6.16(f)所示]，左侧隧道拱脚处出现破坏分布，冬末基坑边壁桩板出现明显大变形，基坑边壁大变形区域范围形成，邻近影响左侧隧道。

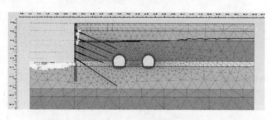

(a)初冬破坏分布图

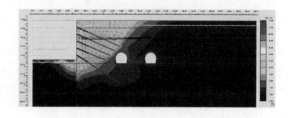

(b)初冬增量位移等值线云图

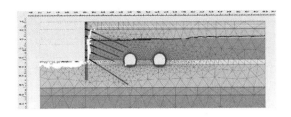

（c）隆冬破坏分布图

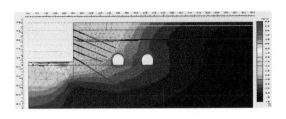

（d）隆冬增量位移等值线云图

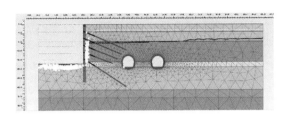

（e）冬末破坏分布图

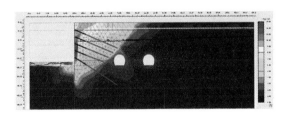

（f）冬末增量位移等值线云图

图 6.16　紧邻地铁 P-Q 段基坑流固冻融初冬、隆冬和冬末演化破坏增量位移图

对图 6.16 的分析表明，为防止冻胀可以考虑可缩性锚索支护（让压防护）。

③ 紧邻地铁 P-Q 段基坑流固冻融初冬、隆冬和冬末稳态孔压饱和度如图 6.17 所示。稳态孔压分布和饱和度等值线变化很小，冬季地下水控制与防排水显得尤为重要，是防止冬季冻融冻胀的首要选项。

④ 锚索结构拉力：$N_1 = 415.503$ kN，$N_2 = 1091.112$ kN，$N_3 = 1199.567$ kN，$N_4 = 1095.566$ kN，$N_5 = 1760.223$ kN。

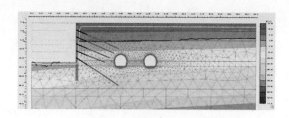

（a）初冬稳态孔压分布云图

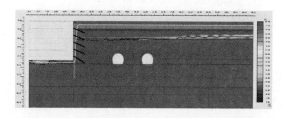

（b）初末饱和度等值线云图

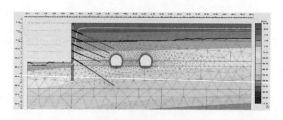

（c）隆冬稳态孔压分布云图

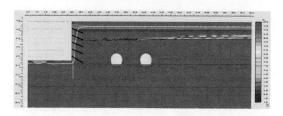

（d）隆冬饱和度等值线云图

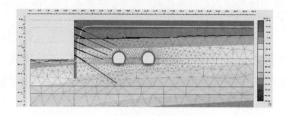

（e）冬末稳态孔压分布云图

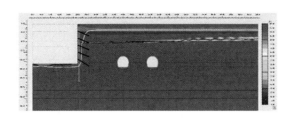

(f)冬末饱和度等值线云图

图 6.17 紧邻地铁 P-Q 段基坑流固冻融初冬、隆冬和冬末稳态孔压饱和度图

⑤ 紧邻地铁 P-Q 段基坑流固冻融初冬、隆冬和冬末地表总位移如图 6.18 所示：初冬地表总位移 53 mm[如图 6.18(a)所示]、隆冬地表总位移 92 mm[如图 6.18(b)所示]、冬末地表总位移 120 mm[如图 6.18(c)所示]。

⑥ 紧邻地铁 P-Q 段基坑流固冻融初冬、隆冬和冬末基坑边壁总位移如图 6.19 所示：初冬基坑边壁总位移 103 mm[如图 6.19(a)所示]、隆冬基坑边壁总位移 120 mm[如图 6.19(b)所示]、冬末基坑边壁总位移 165 mm[如图 6.19(c)所示]。

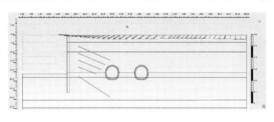

(a)初冬地表总位移矢量分布图

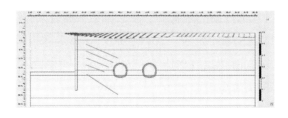

(b)隆冬地表总位移矢量分布图

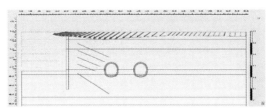

(c)冬末地表总位移矢量分布图

图 6.18 紧邻地铁 P-Q 段基坑流固冻融初冬、隆冬和冬末地表总位移图

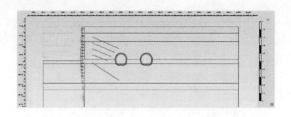

（a）初冬基坑边壁总位移矢量分布图

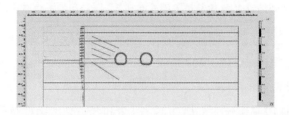

（b）隆冬基坑边壁总位移矢量分布图

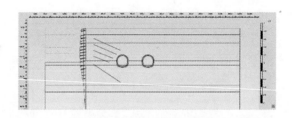

（c）冬末基坑边壁总位移矢量分布图

图 6.19　紧邻地铁 P-Q 段基坑流固冻融初冬、隆冬和冬末基坑边壁总位移图

⑦ 紧邻地铁 P-Q 段基坑流固冻融初冬、隆冬和冬末隧道拱脚剪应力如图 6.20 所示：初冬隧道拱脚剪应力 2247 kN/m²［如图 6.20（a）所示］、隆冬隧道拱脚剪应力 2966 kN/m²［如图 6.20（b）所示］、冬末隧道拱脚剪应力 3268 kN/m²［如图 6.20（c）所示］，应当加强隧道拱脚支护强度，增加抗剪应力。

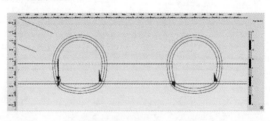

（a）初冬隧道拱脚剪应力分布图

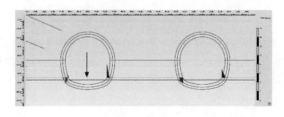

（b）隆冬隧道拱脚剪应力分布图

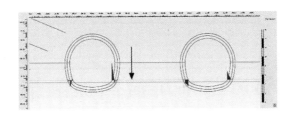

(c)冬末隧道拱脚剪应力分布图

图 6.20　紧邻地铁 P-Q 段基坑流固冻融初冬、隆冬和冬末隧道拱脚剪应力图

通过紧邻地铁基坑冻融力学特性研究，在深刻掌握工程水文地质条件的基础上，综合考虑基坑支护结构与设计参数、基坑土方开挖与基坑桩板锚支护施工、地下水处理方案、基坑支护结构及周边环境监测。

紧邻地铁基坑流固耦合冻融演化数值模拟。紧邻地铁 N-O 段基坑流固冻融耦合力学分析模型中，由于地铁隧道紧邻基坑，4 排锚索支护分为上下两部分，紧邻基坑采取双桩支护。紧邻地铁 P-Q 段基坑流固冻融耦合力学分析模型中，由于地铁隧道紧邻基坑，5 排锚索支护，紧邻基坑采取单桩支护。综合分析，紧邻地铁基坑流固耦合冻融演化满足设计要求。

第7章　紧邻道路基坑流固冻融耦合力学特性

针对紧邻道路基坑流固冻融耦合力学特性分析，建立紧邻道路基坑模型，开展紧邻道路 A-B 段基坑施工流固耦合力学分析、紧邻道路 A-B 段基坑流固冻融耦合力学分析和紧邻道路 A-B 段基坑流固冻融演化力学分析。

7.1　紧邻道路基坑模型

根据紧邻道路基坑历年气温与降水量变化建立模型（如图 7.1 所示）。

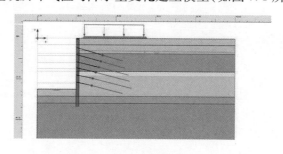

（a）几何模型

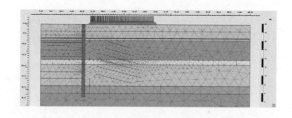

（b）有限元网格

图 7.1　紧邻道路 A-B 段基坑施工力学分析图

7.2　紧邻道路 A-B 段基坑施工流固耦合力学分析

紧邻道路 A-B 段基坑施工流固耦合力学分析如图 7.2 所示。

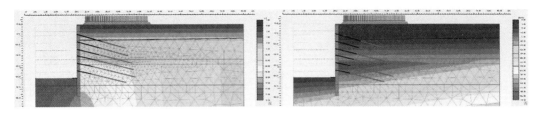

（a）地下水水头和压力场等值线分布云图

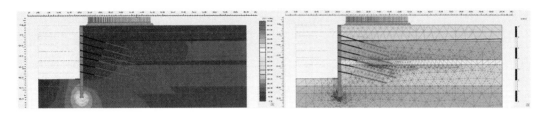

（b）地下水渗流场等值线云图与矢量分布图

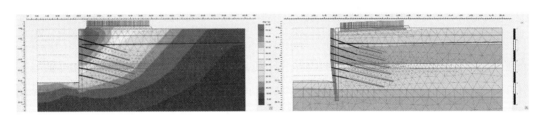

（c）总位移云图与网格形变图

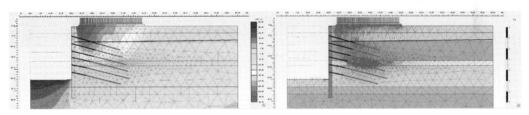

（d）总沉降位移云图与矢量分布图

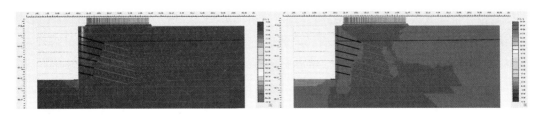

（e）剪应力与体积应力分布云图

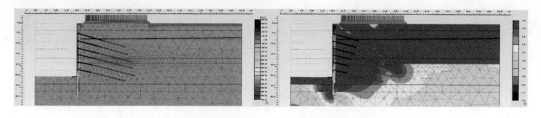

(f)剪应变与相对剪应变分布云图

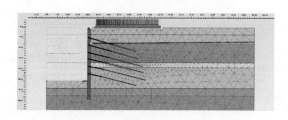

(g)弹塑性点分布图

图7.2 紧邻道路 A-B 段基坑施工流固耦合力学分析图

由图 7.2(a)地下水水头和压力场等值线分布云图可知,基坑边壁向基坑侧凸起,基坑地表向外侧隆起,隧道向基坑外侧位移大于隆起;由图 7.2(b)地下水渗流场等值线云图与矢量分布图可知,基坑边壁有隔水作用,基坑边壁向基坑侧凸起,基坑地表向外侧隆起明显;由图 7.2(c)总位移云图与网格形变图可知,基坑边壁隆起量大,隧道隆起量小;由图 7.2(d)总沉降位移云图与矢量分布图和图 7.2(e)剪应力与体积应力分布云图可知,基坑内侧水压降明显;由图 7.2(f)剪应变与相对剪应变分布云图可知,基坑内侧水压降明显,基坑地表向外侧隆起;由图 7.2(g)弹塑性点分布图可知,基坑地表向外侧隆起,基坑边壁地表出现拉塑性点分布,容易出现开裂破坏。

7.3 紧邻道路 A-B 段基坑流固冻融耦合力学分析

紧邻道路 A-B 段基坑流固冻融耦合力学分析图如图 7.3 所示:由图 7.3(a)温度分布等值线云图可知,冻融发生在开挖面和地表附近;由图 7.3(b)热流量矢量分布图可知,由于基坑边壁出现冻融,基坑边壁、坑底和地表热流量矢量分布最大;由图 7.3(c)主应力方向分布云图可知,基坑边壁分布最大,隧道围岩分布最大;由图 7.3(d)相对剪应力分布云图可知,基坑边壁分布大,隧道围岩分布大;由图 7.3(e)总主应变角度变化云图可知,基坑边壁分布大,隧道围岩分布大;由图 7.3(f)总偏应变分布云图可知,分布相对比较均匀。

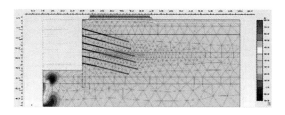

（a）温度分布等值线云图

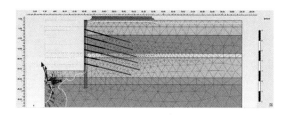

（b）热流量矢量分布图

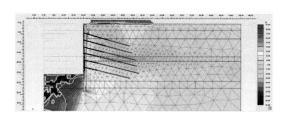

（c）主应力方向分布云图

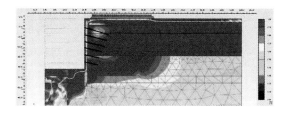

（d）相对剪应力分布云图

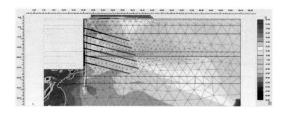

（e）总主应变角度变化云图

(f)总偏应变分布云图

图 7.3　紧邻道路 A-B 段基坑流固冻融耦合力学分析图

7.4　紧邻道路 A-B 段基坑流固冻融演化力学分析

① 紧邻道路 A-B 段基坑流固冻融初冬、隆冬和冬末演化情况如图 7.4 所示。

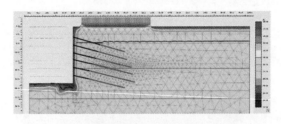

(a)初冬温度分布等值线云图

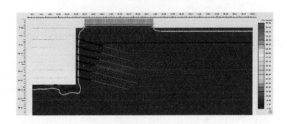

(b)初冬热流量分布等值线云图

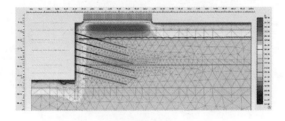

(c)隆冬温度分布等值线云图

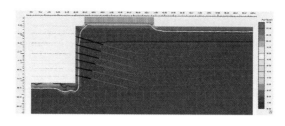

(d)隆冬热流量分布等值线云图

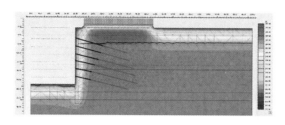

(e)冬末温度分布等值线云图

(f)冬末热流量分布等值线云图

图 7.4　紧邻道路 A-B 段基坑流固冻融初冬、隆冬和冬末演化图

初冬地面冻深 1.0 m[如图 7.4(a)所示]、隆冬冻深 1.6 m[如图 7.4(b)所示]、冬末地面冻深 1.8 m[如图 7.4(c)所示]。

② 紧邻道路 A-B 段基坑流固冻融初冬、隆冬和冬末破坏增量位移如图 7.5 所示。

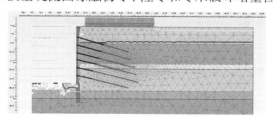

(a)初冬破坏分布图

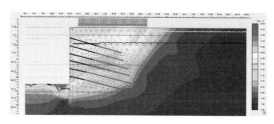

(b)初冬增量位移等值线云图

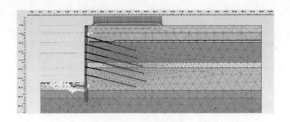

(c)隆冬破坏分布图

(d)隆冬增量位移等值线云图

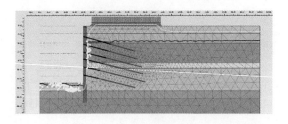

(e)冬末破坏分布图

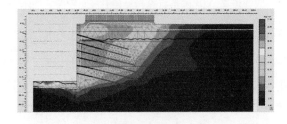

(f)冬末增量位移等值线云图

图 7.5 紧邻道路 A-B 段基坑流固冻融初冬、隆冬和冬末演化破坏增量位移图

初冬破坏分布于基坑边壁桩板第 1、2 排锚索处[如图 7.5(a)所示],隆冬破坏分布于基坑边壁桩板第 1~5 排锚索处[如图 7.5(b)所示]、冬末破坏分布于基坑边壁桩板第 1~5 排锚索处[如图 7.5(c)所示].

图 7.5 中冬末温度基坑边壁桩板出现明显大变形区域范围,为防止流固冻融冻胀可以考虑可缩性锚索支护.

③ 紧邻道路 A-B 段基坑流固冻融初冬、隆冬和冬末稳态孔压饱和度如图 7.6 所示,稳态孔压分布和饱和度等值线变化很小,冬季地下水控制与防排水显得尤为重要.

④ 锚索结构拉力:$N_1 = 723.751$ kN, $N_2 = 1033.712$ kN, $N_3 = 1559.259$ kN, $N_4 =$

1844.111 kN，$N_5 = 2248.692$ kN，$N_6 = 1843.640$ kN。

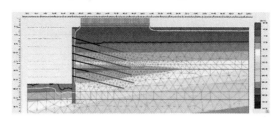

(a)初冬稳态孔压分布云图

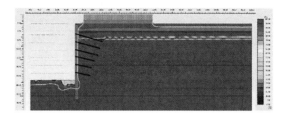

(b)初冬饱和度等值线云图

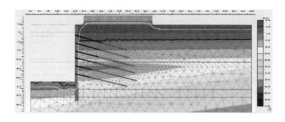

(c)隆冬稳态孔压分布云图

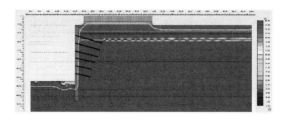

(d)隆冬饱和度等值线云图

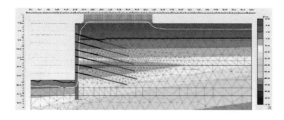

(e)冬末稳态孔压分布云图

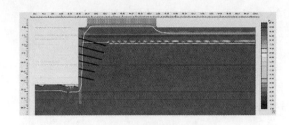

(f)冬末饱和度等值线云图

图 7.6　紧邻道路 A-B 段基坑流固冻融初冬、隆冬和冬末稳态孔压饱和度图

⑤ 紧邻道路 A-B 段基坑流固冻融初冬、隆冬和冬末地表总位移矢量如图 7.7 所示：初冬地表总位移 69 mm[如图 7.7(a)所示]、隆冬地表总位移 98 mm[如图 7.7(b)所示]、冬末地表总位移 113 mm[如图 7.7(c)所示]。

⑥ 紧邻道路 A-B 段基坑流固冻融初冬、隆冬和冬末基坑边壁总位移矢量如图 7.8 所示：初冬基坑边壁总位移 103 mm[如图 7.8(a)所示]、隆冬基坑边壁总位移 120 mm[如图 7.8(b)所示]、冬末基坑边壁总位移 165 mm[如图 7.8(c)所示]。

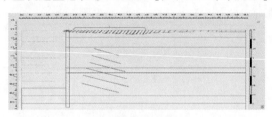

(a)初冬地表总位移矢量分布图

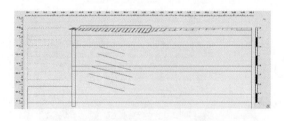

(b)隆冬地表总位移矢量分布图

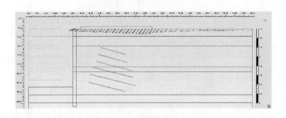

(c)冬末地表总位移矢量分布图

图 7.7　紧邻道路 A-B 段基坑流固冻融初冬、隆冬和冬末地表总位移图

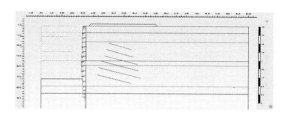

（a）初冬−13 ℃温度基坑边壁总位移矢量分布图

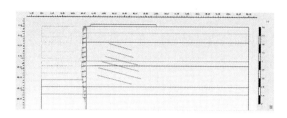

（b）隆冬−26 ℃温度基坑边壁总位移矢量分布图

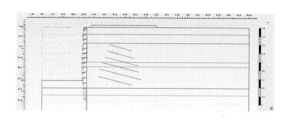

（c）冬末−13 ℃温度基坑边壁总位移矢量分布图

图 7.8　紧邻道路 A-B 段基坑流固冻融初冬、隆冬和冬末基坑边壁总位移图

⑦ 紧邻道路 A-B 段基坑流固冻融初冬、隆冬和冬末道路剪应力分布如图 7.9 所示：初冬、隆冬、冬末道路剪应力分布起伏变化，应当加强道路强度衰减监测，增加抗剪应力的预防作用。

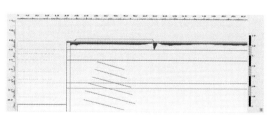

（a）初冬道路剪应力分布图

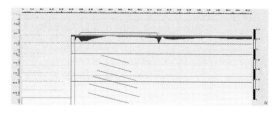

（b）隆冬道路剪应力分布图

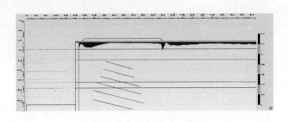

(c)冬末道路剪应力分布图

图 7.9   紧邻道路 A-B 段基坑流固冻融初冬、隆冬和冬末道路剪应力分布图

通过紧邻道路基坑冻融力学特性研究，在深刻掌握工程水文地质条件的基础上，综合考虑基坑支护结构与设计参数、基坑土方开挖与基坑桩板锚支护施工、地下水处理方案、基坑支护结构及周边环境监测，进行紧邻道路段基坑流固冻融沉降、倾斜等分析。综合分析，紧邻道路基坑流固耦合冻融演化满足设计要求。

第8章　紧邻民居基坑流固冻融耦合力学特性

针对紧邻民居基坑流固冻融耦合力学特性，通过紧邻民居基坑建模，开展紧邻民居 L-M 段基坑施工流固耦合力学分析、紧邻民居 L-M 段基坑流固冻融耦合力学分析和紧邻民居 L-M 段基坑流固冻融演化力学分析。

◤ 8.1　紧邻民居基坑开挖破坏程度

基坑开挖过程中，岩土体的流塑性与土质的软弱强度相关。建筑结构受基坑开挖引起的土体变形影响主要有压缩变形和拉伸变形两种。建筑物的破坏形式复杂，不同于结构形式和材料强度，建筑结构常见的损坏形式为剪切损坏和拉裂损坏。建筑结构的拐角、基础、侧墙等相对薄弱处易发生挤压破碎。而混凝土的力学特性使其建筑结构更易发生拉伸破坏，产生程度不同的裂缝破坏。因此，基坑开挖施工过程中，地表变形会引发连锁反应导致紧邻建筑结构产生变形甚至破坏。因此，在基坑开挖施工前应注重施工方案的优化设计、建筑结构的安全监测以及加固防护等。均匀的地层沉降往往对建筑物结构造成的损伤、破坏并不明显，而引发其损伤、破坏的主要原因为不均匀沉降。不均匀的地面沉降往往会对建筑物的薄弱部位造成剪切和变形破坏。砌体和低层框架建筑物对这两种结构不均匀沉降更加敏感。因此，选用沉降梯度 β 作为建筑物损坏程度的评价指标。沉降梯度引起的建筑物不均匀沉降示意图见图 8.1，损坏程度分类标准见表 8.1。

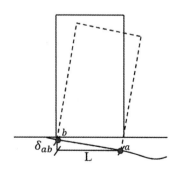

图 8.1　建筑不均匀沉降示意图

沉降梯度可表示为：

$$\beta = \frac{\delta_{ab}}{L} \qquad (8.1)$$

式中：β——沉降梯度；

δ_{ab}——a、b点沉降差，m；

L——沉降后a、b点水平距离，m。

表8.1　建筑物不均匀沉降损坏程度划分

沉降梯度β	建筑物破坏情况	建筑物破坏描述
1/1200~1/800	微小裂缝	微小裂缝
1/800~1/500	小破坏-表层破坏	石膏材料上出现裂缝
1/500~1/300	较小破坏	墙身出现小裂缝
1/300~1/150	中等破坏-内部破坏	墙上出现裂缝，窗和门出现功能问题
1/150~0	大破坏	承重墙和支撑梁出现明显的开口裂缝

针对紧邻民居基坑流固冻融耦合力学特性分析，建立紧邻民居基坑模型。

8.2　紧邻民居基坑模型

根据紧邻民居基坑历年气温与降水量变化建立模型（如图8.2所示）。

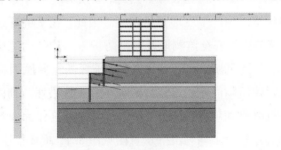

（a）几何模型

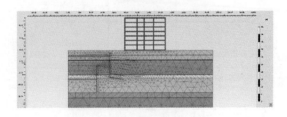

（b）有限元网格

图8.2　紧邻民居L-M段基坑施工力学分析图

8.3　紧邻民居 L-M 段基坑施工流固耦合力学分析

　　紧邻民居 L-M 段基坑施工流固耦合力学分析图如图 8.3 所示可知：由图 8.3(a)地下水水头和压力场等值线分布云图可知，基坑边壁向基坑侧凸起，基坑地表向外侧隆起，隧道向基坑外侧位移大于隆起；由图 8.3(b)地下水渗流场等值线云图与矢量分布图可知，基坑边壁有隔水作用，基坑边壁向基坑侧凸起，基坑地表向外侧隆起明显；由图 8.3(c)总位移云图与网格形变图可知，基坑边壁隆起量大，隧道隆起量小；由图 8.3(d)总沉降位移云图与矢量分布图和图 8.3(e)剪应力与体积应力分布云图可知，基坑内侧水压降明显；由图 8.3(f)剪应变与相对剪应变分布云图可知，基坑内侧水压降明显，基坑地表向外侧隆起；由图 8.3(g)弹塑性点分布图，基坑地表向外侧隆起，基坑边壁地表出现拉塑性点分布，容易出现开裂破坏。

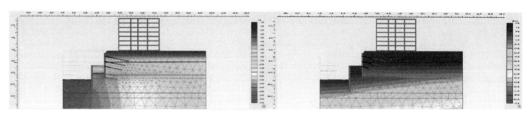

(a)地下水水头和压力场等值线分布云图

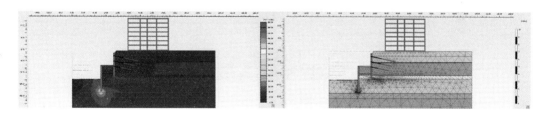

(b)地下水渗流场等值线云图与矢量分布图

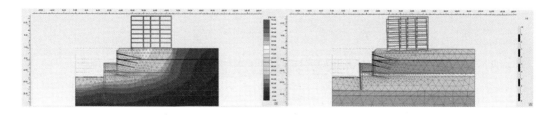

(c)总位移云图与网格形变图

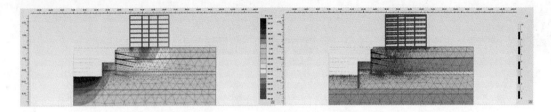

(d)总沉降位移云图与矢量分布图

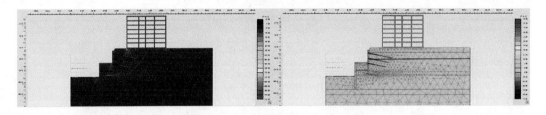

(e)剪应力与体积应力分布云图

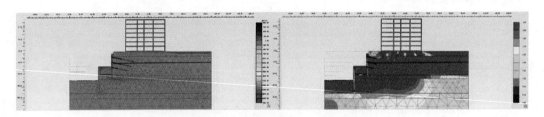

(f)剪应变与相对剪应变分布云图

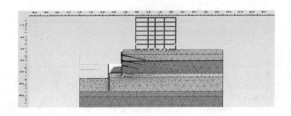

(g)弹塑性点分布图

图8.3　紧邻民居L-M段基坑施工流固耦合力学分析图

8.4　紧邻民居L-M段基坑流固冻融耦合力学分析

紧邻民居L-M段基坑流固冻融耦合力学分析图如图8.4所示：由图8.4(a)温度分布等值线云图可知，冻融发生在开挖面和地表附近；由图8.4(b)热流量矢量分布图可知，由于基坑边壁出现冻融，基坑边壁、坑底和地表热流量矢量分布最大；由图8.4(c)主应力方向分布云图可知，基坑边壁分布最大，隧道围岩分布最大；由图8.4(d)相对剪应力分布云图可知，基坑边壁分布大，隧道围岩分布大；由图8.4(e)总主应变角度变化云图可知，基坑边壁分布大，隧道围岩分布大；由图 8.4(f)总偏应变分布云图可知，分布相对比较均匀。

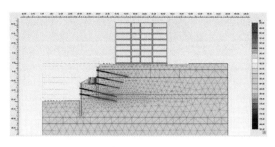

(a)温度分布等值线云图

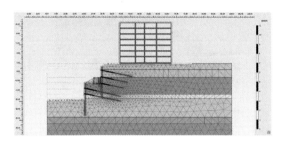

(b)热流量矢量分布图

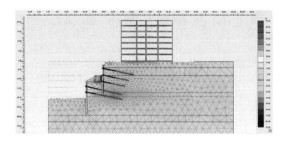

(c)主应力方向分布云图

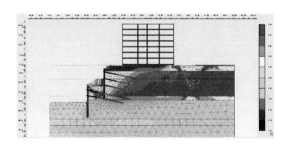

(d)相对剪应力分布云图

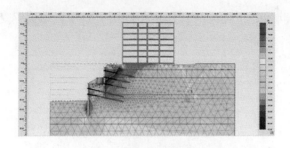

(e)总主应变角度变化云图

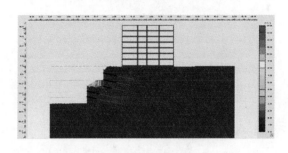

(f)总偏应变分布云图

图8.4 紧邻民居 L-M 段基坑流固冻融耦合力学分析图

8.5 紧邻民居 L-M 段基坑流固冻融演化力学分析

① 紧邻民居 L-M 段基坑流固冻融初冬演化情况如图 8.5 所示,初冬地面冻深 1.0 m。

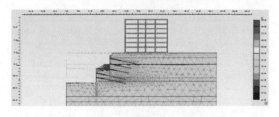

(a)初冬温度分布等值线云图

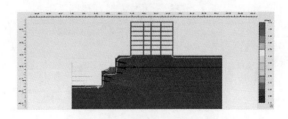

(b)初冬热流量分布等值线云图

图8.5 紧邻民居 L-M 段基坑流固冻融初冬演化图

② 紧邻民居 L-M 段基坑流固冻融初冬增量位移如图 8.6 所示,初冬破坏分布于基坑边壁桩板第 1~5 排锚索处,民居左右楼脚处出现破坏分布。

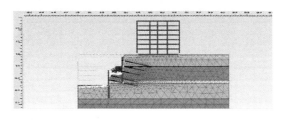

(a)初冬破坏分布图

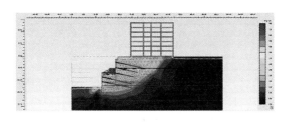

(b)初冬增量位移等值线云图

图 8.6　紧邻民居 L-M 段基坑流固冻融初冬演化破坏增量位移图

③ 紧邻民居 L-M 段基坑流固冻融初冬稳态孔压饱和度如图 8.7 所示,稳态孔压分布和饱和度等值线变化很小,冬季地下水控制与防排水显得尤为重要。

④ 锚索结构拉力:$N_1 = 581.309$ kN,$N_2 = 371.827$ kN,$N_3 = 217.167$ kN,$N_4 = 1558.274$ kN,$N_5 = 723.977$ kN。

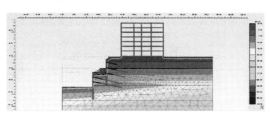

(a)初冬稳态孔压分布云图

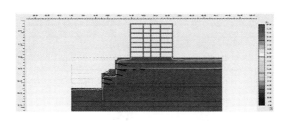

(b)初冬饱和度等值线云图

图 8.7　紧邻民居 L-M 段基坑流固冻融初冬稳态孔压饱和度图

⑤ 紧邻民居 L-M 段基坑流固冻融初冬地表总位移如图 8.8 所示，初冬地表总位移79 mm。

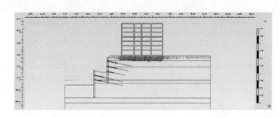

图 8.8　紧邻民居 L-M 段基坑流固冻融初冬地表总位移图

⑥ 紧邻民居 L-M 段基坑流固冻融初冬基坑边壁总位移如图 8.9 所示，初冬基坑边壁总位移 103 mm。

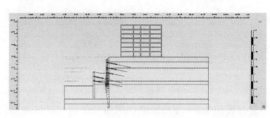

图 8.9　紧邻民居 L-M 段基坑流固冻融初冬基坑边壁总位移图

⑦ 紧邻民居 L-M 段基坑流固冻融初冬相对剪应力如图 8.10 所示，民居建筑物基础相对剪应力变化剧烈。

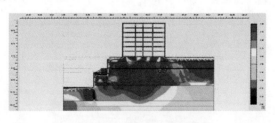

图 8.10　紧邻民居 L-M 段基坑流固冻融初冬相对剪应力图

⑧ 紧邻民居 L-M 段基坑流固冻融初冬主应力方向如图 8.11 所示，初冬基坑边壁、民居主应力方向变化剧烈。

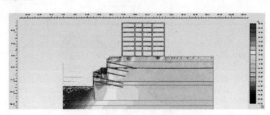

图 8.11　紧邻民居 L-M 段基坑流固冻融初冬主应力方向图

⑨ 紧邻民居 L-M 段基坑流固冻融初冬倾斜测量如图 8.12 所示，初冬差异沉降量−0.041 m，旋转−0.082°，倾斜 0.144% = 1 : 694.4。

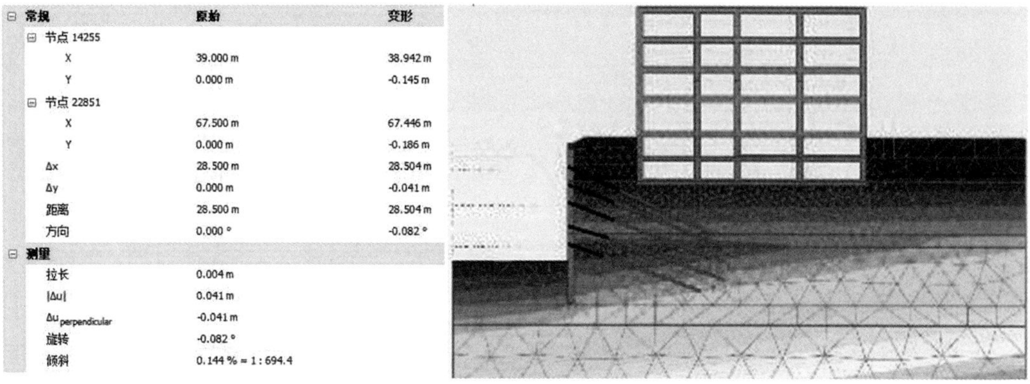

图 8.12　紧邻民居 L-M 段基坑流固冻融初冬倾斜测量图

依据民居基坑开挖引起的破损程度判别，沉降梯度 $\beta = 1/800 \sim 1/500$，建筑物破坏情况：小破坏-表层破坏，建筑物破坏描述：石膏材料上出现裂缝。

综上所述，通过紧邻民居基坑冻融力学特性研究，紧邻居民建筑物基坑流固耦合冻融力学特性，紧邻民居基坑流固冻融沉降、倾斜等综合分析，邻紧居民基坑流固耦合冻融演化满足设计要求。

第 9 章 紧邻酒店基坑流固冻融耦合力学特性

针对紧邻酒店基坑流固冻融耦合力学特性，通过紧邻酒店基坑建模，开展紧邻酒店 P-G 段基坑施工流固耦合力学分析、紧邻酒店 P-G 段基坑流固冻融耦合力学分析和紧邻酒店 P-G 段基坑流固冻融演化力学分析。

9.1 紧邻酒店基坑模型

根据紧邻酒店基坑历年气温与降水量建立模型(如图 9.1 所示)。

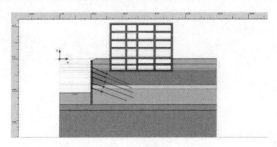

(a)几何模型

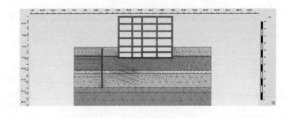

(b)有限元网格

图 9.1 紧邻酒店 P-G 段基坑施工力学分析图

9.1 紧邻酒店 P-G 段基坑施工流固耦合力学分析

紧邻酒店 P-G 段基坑施工流固耦合力学分析图如图 9.2 所示。

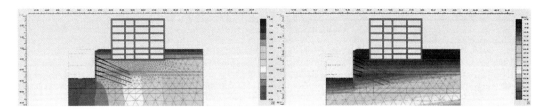

（a）地下水水头和压力场等值线分布云图

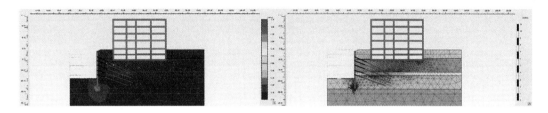

（b）地下水渗流场等值线云图与矢量分布图

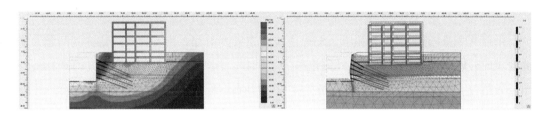

（c）总位移云图与网格形变图

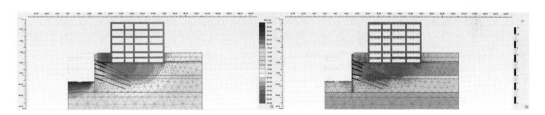

（d）总沉降位移云图与矢量分布图

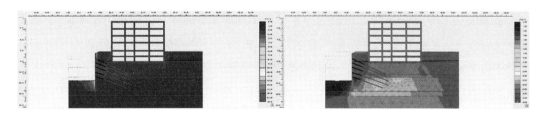

（e）剪应力与体积应力分布云图

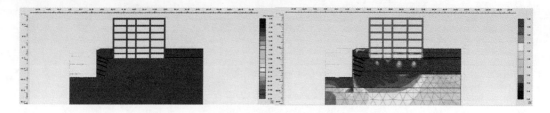

(f)剪应变与相对剪应变分布云图

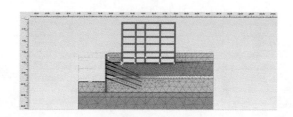

(g)弹塑性点分布图

图9.2　紧邻酒店 P-G 段基坑施工流固耦合力学分析图

由图9.2(a)地下水水头和压力场等值线分布云图可知,基坑边壁向基坑侧凸起,基坑地表向外侧隆起,隧道向基坑外侧位移大于隆起;由图9.2(b)地下水渗流场等值线云图与矢量分布图可知,基坑边壁有隔水作用,基坑边壁向基坑侧凸起,基坑地表向外侧隆起明显;由图9.2(c)总位移云图与网格形变图可知,基坑边壁隆起量大,隧道隆起量小;由图9.2(d)总沉降位移云图与矢量分布图和图9.2(e)剪应力与体积应力分布云图可知,基坑内侧水压降明显;由图9.2(f)剪应变与相对剪应变分布云图可知,基坑内侧水压降明显,基坑地表向外侧隆起;由图9.2(g)弹塑性点分布图可知,基坑地表向外侧隆起,基坑边壁地表出现拉塑性点分布,容易出现开裂破坏。

9.2　紧邻酒店 P-G 段基坑流固冻融耦合力学分析

紧邻酒店 P-G 基坑流固冻融耦合力学分析图如图9.3所示:由图9.3(a)温度分布等值线云图可知,冻融发生在开挖面和地表附近;由图9.3(b)热流量矢量分布图可知,由于基坑边壁出现冻融,基坑边壁、坑底和地表热流量矢量分布最大;由图9.3(c)主应力方向分布云图可知,基坑边壁分布最大,隧道围岩分布最大;由图9.3(d)相对剪应力分布云图可知,基坑边壁分布大,隧道围岩分布大。由图9.3(e)总主应变角度变化云图可知,基坑边壁分布大,隧道围岩分布大;由图9.3(f)总偏应变分布云图可知,分布相对比较均匀。

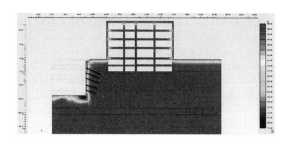

（a）温度分布等值线云图

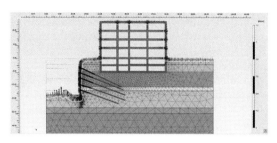

（b）热流量矢量分布图

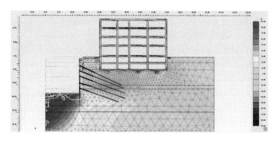

（c）主应力方向分布云图

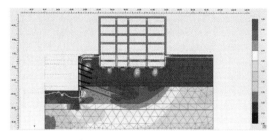

（d）相对剪应力分布云图

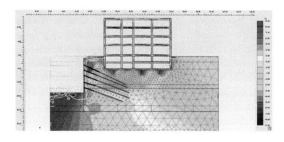

（e）总主应变角度变化云图

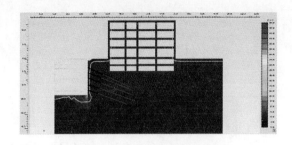

(f)总偏应变分布云图

图 9.3　紧邻酒店 P-G 段基坑流固冻融耦合力学分析图

9.3　紧邻酒店 P-G 段基坑流固冻融演化力学分析

①　紧邻酒店 P-G 段基坑流固冻融初冬、隆冬和冬末演化情况如图 9.4 所示：初冬地面冻深 1.0 m[如图 9.4(a)所示]、隆冬地面冻深 1.6 m[如图 9.4(b)所示]、冬末地面冻深 1.8 m[如图 9.4(c)所示]。

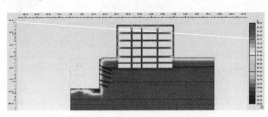

(a)初冬温度分布等值线云图

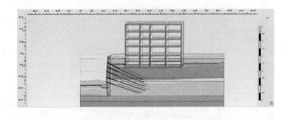

(b)初冬网格形变分布图

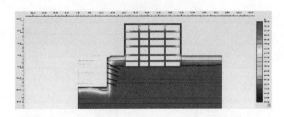

(c)隆冬温度分布等值线云图

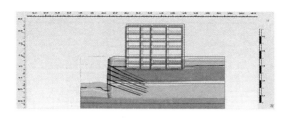

(d)隆冬网格形变分布图

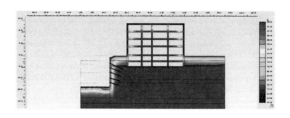

(e)冬末温度分布等值线云图

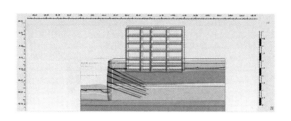

(f)冬末网格形变分布图

图 9.4 紧邻酒店 P-G 段基坑流固冻融初冬、隆冬和冬末演化图

② 紧邻酒店物 P-G 段基坑流固冻融初冬、隆冬和冬末演化破坏增量位移如图 9.5 所示:初冬破坏分布于基坑边壁桩板第 1、2 排锚索处[如图 9.5(a)所示],隆冬、冬末破坏分布于基坑边壁桩板第 1~5 排锚索处[如图 9.5(b)和图 9.5(c)所示]。

图 9.5 中左侧隧道拱脚处出现破坏分布,冬末基坑边壁桩板出现明显大变形,为防止流固冻融冻胀可以考虑可缩性锚索支护。

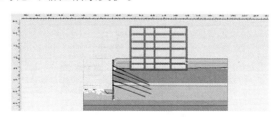

(a)初冬破坏分布图

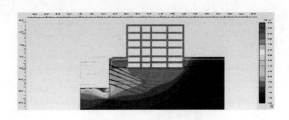

(b)初冬增量位移等值线云图

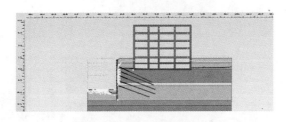

(c)隆冬破坏分布图

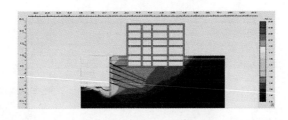

(d)隆冬增量位移等值线云图

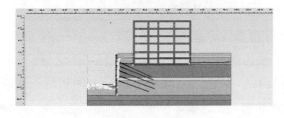

(e)冬末破坏分布图

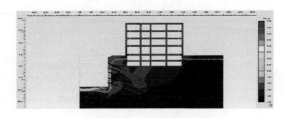

(f)冬末增量位移等值线云图

图 9.5　紧邻酒店 P-G 段基坑流固冻融初冬、隆冬和冬末演化破坏增量位移图

③ 紧邻酒店 P-G 段基坑流固冻融初冬、隆冬和冬末稳态孔压饱和度如图 9.6 所示，稳态孔压分布和饱和度等值线变化很小，冬季地下水控制与防排水显得尤为重要。

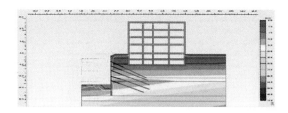

（a）初冬稳态孔压分布云图

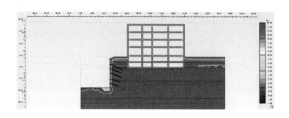

（b）初冬饱和度等值线云图

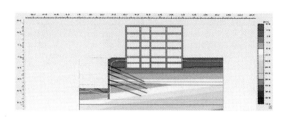

（c）隆冬稳态孔压分布云图

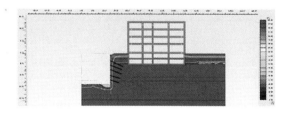

（d）隆冬饱和度等值线云图

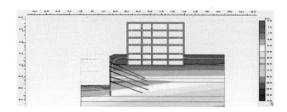

（e）冬末稳态孔压分布云图

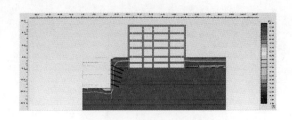

（f）冬末饱和度等值线云图

图 9.6　紧邻酒店 P-G 段基坑流固冻融初冬、隆冬和冬末稳态孔压饱和度图

④ 锚索结构拉力：$N_1 = 1135$ kN，$N_2 = 1678$ kN，$N_3 = 1915$ kN，$N_4 = 2215$ kN，$N_5 = 1913$ kN。

⑤ 紧邻酒店 P-G 段基坑流固冻融初冬、隆冬和冬末地表总位移如图 9.7 所示：初冬地表总位移 79 mm[如图 9.7(a)所示]、隆冬地表总位移 98 mm[如图 9.7(b)所示]、冬末地表总位移 130 mm[如图 9.7(c)所示]。

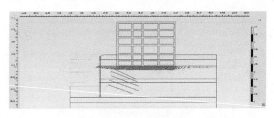

（a）初冬地表总位移矢量分布图

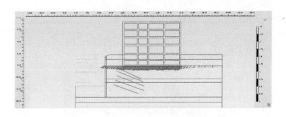

（b）隆冬地表总位移矢量分布图

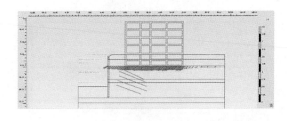

（c）冬末地表总位移矢量分布图

图 9.7　紧邻酒店 P-G 段基坑流固冻融初冬、隆冬和冬末地表总位移图

⑥ 紧邻酒店 P-G 段基坑流固冻融初冬、隆冬和冬末基坑边壁总位移如图 9.8 所示：初冬基坑边壁总位移 103 mm[如图 9.8(a)所示]、隆冬基坑边壁总位移 120 mm[如图 9.8(b)所示]、冬末基坑边壁总位移 165 mm[如图 9.8(c)所示]。

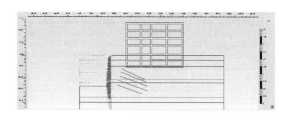

（a）初冬基坑边壁总位移矢量分布图

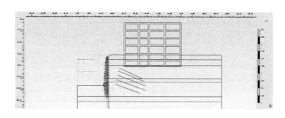

（b）隆冬基坑边壁总位移矢量分布图

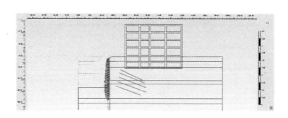

（c）冬末基坑边壁总位移矢量分布图

图 9.8　紧邻酒店 P-G 段基坑流固冻融初冬、隆冬和冬末基坑边壁总位移图

⑦ 紧邻酒店 P-G 段基坑流固冻融相对剪应力如图 9.9 所示，酒店基础相对剪应力变化剧烈。

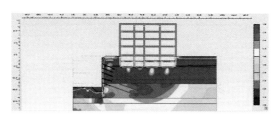

（a）初冬基坑相对剪应力分布图

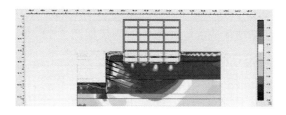

（b）隆冬基坑相对剪应力分布图

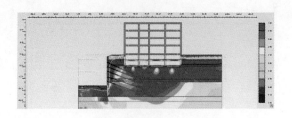

（c）冬末基坑相对剪应力分布图

图 9.9 紧邻酒店 P-G 段基坑流固冻融初冬、隆冬、冬末相对剪应力图

⑧ 紧邻酒店 P-G 段基坑流固冻融主应力方向如图 9.10 所示，隆冬基坑边壁、酒店主应力方向变化剧烈。

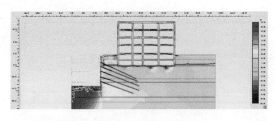

（a）初冬基坑主应力方向分布图

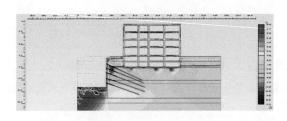

（b）隆冬基坑主应力方向分布图

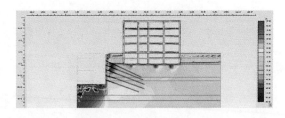

（c）冬末基坑主应力方向分布图

图 9.10 紧邻酒店 P-G 段基坑流固冻融初冬、隆冬、冬末主应力方向图

⑨ 紧邻酒店 P-G 段基坑流固冻融初冬倾斜测量如图 9.11 所示，差异沉降量 −0.011 m，旋转 −0.016°，倾斜 0.027% = 1∶3641。

依据酒店建筑物基坑开挖引起的破损程度判别，沉降梯度 $\beta = 1/500 \sim 1/300$，建筑物破坏情况：较小破坏，建筑物破坏描述：墙身出现小裂缝。

综上所述，通过紧邻酒店基坑冻融力学特性研究，在深刻掌握工程水文地质条件的基础上，综合考虑基坑支护结构与设计参数、基坑土方开挖与基坑桩板锚支护施工、地

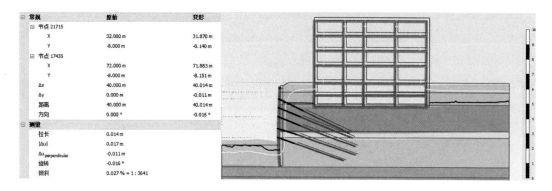

图 9.11　紧邻酒店建筑物 P-G 段基坑流固冻融初冬倾斜测量图

下水处理方案、基坑支护结构及周边环境监测，深入进行紧邻酒店基坑流固冻融沉降、倾斜等分析，紧邻酒店基坑流固耦合冻融演化满足设计要求。

第10章　紧邻地铁基坑抗浮冻融演化力学特性

针对紧邻地铁基坑抗浮冻融演化力学特性分析，在紧邻地铁基坑模型的基础上，开展紧邻地铁基坑施工抗浮分析、紧邻地铁基坑施工降雨抗浮分析、紧邻地铁基坑抗浮冻融分析、紧邻地铁基坑降雨抗浮冻融分析。

10.1　紧邻地铁基坑模型

建立紧邻地铁基坑抗浮冻融演化力学特性分析模型见图10.1。

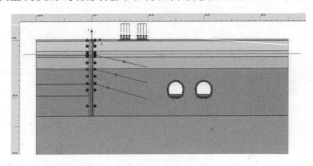

（a）几何模型

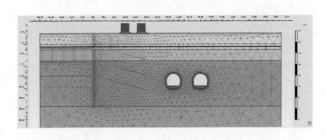

（b）有限元网格

图 10.1　紧邻地铁基坑抗浮冻融演化力学特性分析模型

10.2　紧邻地铁基坑施工抗浮分析

紧邻地铁基坑施工抗浮 TH 分析图如图 10.2 所示。

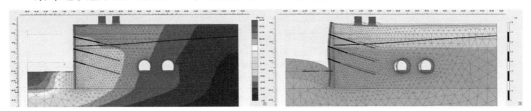

(a)总位移云图及网格形变分布图

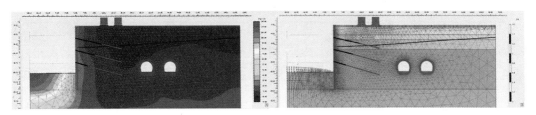

(b)总沉降位移云图及矢量形变分布图

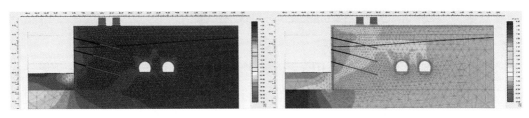

(c)地下水渗流云图

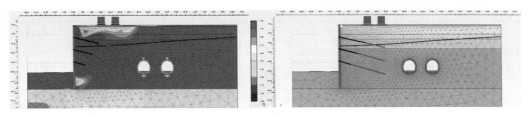

(d)相对剪应力云图及弹塑性点分布图

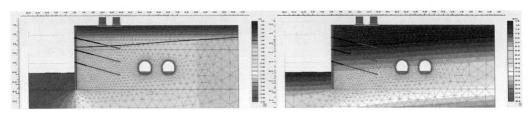

(e)地下水水头及压力场分布云图

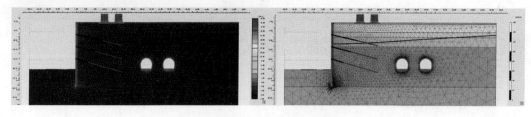

（f）地下水水头及矢量分布图

图 10.2 紧邻地铁基坑施工抗浮分析图

由图 10.2(a)总位移云图及网格形变分布图可知，基坑边壁向基坑侧凸起，基坑地表向外侧隆起，隧道向基坑外侧位移大于隆起；由图 10.2(b)总沉降位移云图及矢量形变分布图可知，基坑边壁隆起量大，隧道隆起量小；由图 10.2(c)地下水渗流云图可知，基坑边壁有隔水作用，基坑边壁向基坑侧凸起，基坑地表向外侧隆起明显；由图 10.2(d)相对剪应力云图及弹塑性点分布图可知，基坑地表向外侧隆起，基坑边壁地表出现拉塑性点分布，容易出现开裂破坏；由图 10.2(e)地下水水头及压力场分布云图可知，基坑内侧水压降明显；由图 10.2(f)地下水水头及矢量分布图可知，基坑内侧水压降明显。

10.3 紧邻地铁基坑施工降雨抗浮分析

紧邻地铁基坑施工降雨抗浮 TH 分析图如图 10.3 所示：由图 10.3(a)地下水水头和压力场分布云图可知，降雨引起地下水位升高明显，基坑边壁抗浮隆起；由图 10.3(b)总沉降位移云图及网格形变图可知，降雨引起地下水位升高，基坑边壁抗浮隆起更加明显；由图 10.3(c)总沉降位移云图及矢量分布图可知，基坑边壁抗浮隆起更加明显；由图 10.3(d)剪应变及体积应变云图可知，隧道抗浮隆起不明显；由图 10.3(e)相对剪应力云图及弹塑性点分布图可知，基坑边壁相对剪应力增大，基坑边壁出现拉塑性点分布，基坑内侧容易出现拉剪拉塑性破坏点分布。

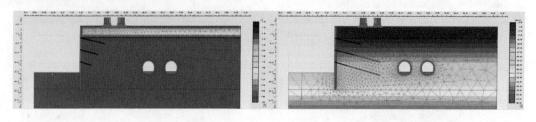

（a）地下水水头和压力场分布云图

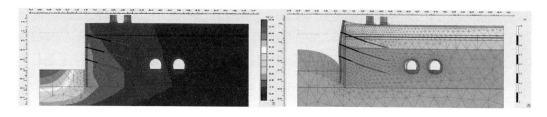

（b）总沉降位移云图及网格形变图

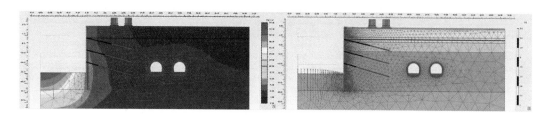

（c）总沉降位移云图及矢量分布图

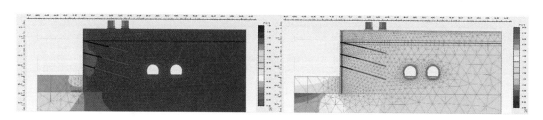

（d）剪应变及体积应变云图

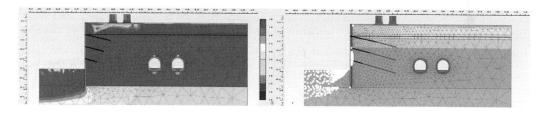

（e）相对剪应力云图及弹塑性点分布图

图 10.3　紧邻地铁基坑施工降雨抗浮 TH 分析图

10.4　紧邻地铁基坑抗浮冻融分析

紧邻地铁基坑抗浮冻融 THM 分析图如图 10.4 所示：由图 10.4（a）地下水水头及压力场云图可知，地下水位升高明显，是基坑边壁抗浮隆起的主要原因；由图 10.4（b）地下水渗流及渗压力场云图可知，基坑边壁地下水渗流明显增大，冻融引起地下水位升高明显，基坑边壁抗浮隆起；由图 10.4（c）总位移云图及矢量分布图可知，基坑边壁位移明显小于隧道侧，抗浮隆起效应、基坑边壁支护效果比较显著；由图 10.4（d）剪应力及体积应变分布云图可知,剪应力及体积应变分布相对比较均匀;由图 10.4(e)相对剪应力分布云图及弹塑性点分布图可知,基坑边壁相对剪应力较大,隧道上部地下水头相对剪应力增大,抗浮隆起;由基坑地下水头出现拉塑性点分布,也是基于抗浮隆起;图 10.4(f)总水头云图及渗流场分布云图可知,引起地下水位升高基坑边壁抗浮隆起更加明显,基坑内侧容易出现拉剪塑性破坏点分布,引起隧道右下拱脚拉剪塑性点分布;由图 10.4(g)热流量矢量图及分布云图和图 10.4(h)水平热流量矢量图及分布云图可知,由于基坑边壁出现热流量交换,出现冻融,基坑边壁相对剪应力增大,基坑边壁出现拉塑性点分布,基坑隧道侧容易出现拉剪塑性破坏点分布。

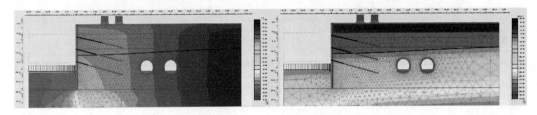

(a)地下水水头及压力场云图

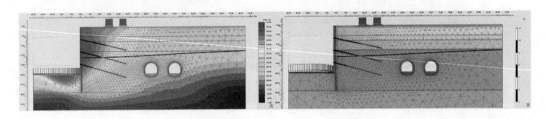

(b)地下水渗流及渗压力场云图

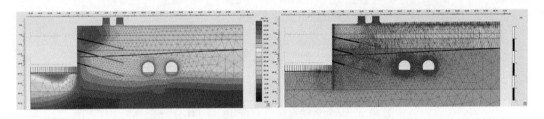

(c)总位移云图及矢量分布图

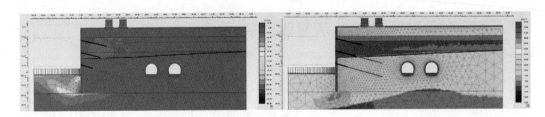

(d)剪应力及体积应变分布云图

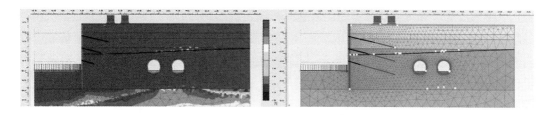

（e）相对剪应力分布云图及弹塑性点分布图

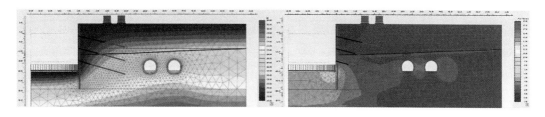

（f）总水头云图及渗流场分布云图

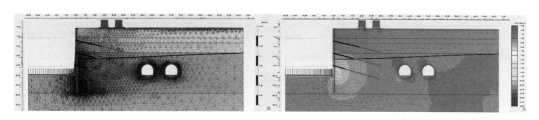

（g）热流量矢量图及分布云图

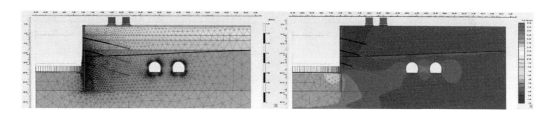

（h）水平热流量矢量图及分布云图

图 10.4　紧邻地铁基坑抗浮冻融 THM 分析图

10.5　紧邻地铁基坑降雨抗浮冻融分析

紧邻地铁基坑降雨抗浮冻融分析图如图 10.5 所示：由图 10.5（a）地下水水头云图和矢量分布云图和图 10.5（b）总位移云图和矢量分布图可知，冻融引起地下水位升高明显，基坑边壁抗浮隆起；由图 10.5（c）总应变及体积应变云图、图 10.5（d）相对剪应力分布云图及弹塑性点分布图和图 10.5（e）地下水渗透及渗流场分布云图可知，降雨引起地下水位升高，基坑边壁抗浮隆起更加明显，隧道抗浮隆起不明显，基坑边壁相对剪应力增大，基坑边壁出现拉塑性点分布，基坑内侧容易出现拉剪拉塑性破坏点分布；图 10.5 (f)热流量矢量和分布云图及图 10.5(g)水平热流量矢量和分布云图可知，由于基坑边壁出现冻融，基坑边壁相对剪应力增大，基坑边壁出现拉塑性点分布，基坑隧道侧容易出现拉剪拉塑性破坏点分布。

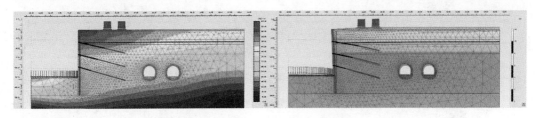

(a)地下水水头云图和矢量分布云图

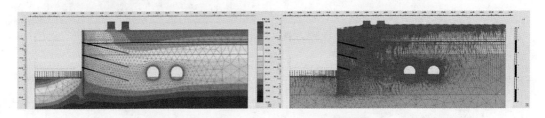

(b)总位移云图和矢量分布图

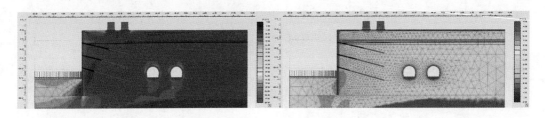

(c)总应变及体积应变云图

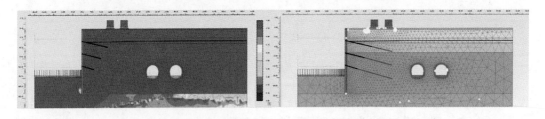

(d)相对剪应力云图及弹塑性点分布图

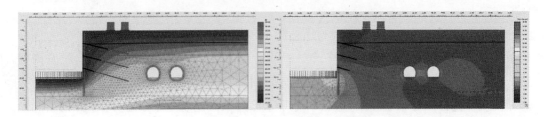

(e)地下水渗流及流场分布云图

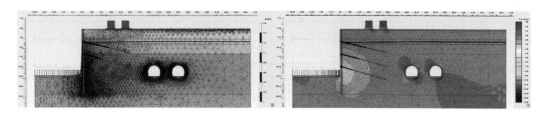

(f)热流量矢量和分布云图

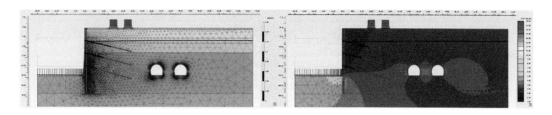

(g)水平热流量矢量和分布云图

图 10.5　紧邻地铁基坑降雨抗浮冻融分析图

综上所述,通过紧邻地铁基坑冻融力学特性研究,在深刻掌握工程水文地质条件的基础上,综合考虑基坑支护结构与设计参数、基坑土方开挖与基坑桩板锚支护施工、地下水处理方案、基坑支护结构及周边环境监测,深入进行紧邻地铁基坑流固冻融沉降、倾斜等分析,紧邻地铁基坑流固耦合冻融演化满足设计要求。

参考文献

［1］ A BROUCHKOV.Experimental study of influence of mechanical properties of soil on frost heaving forces［J］.Journal of Glaciology and Geocryology, 2004, 26(1)：26-34.

［2］ ABZHALIMOV R S, GOLOVKO N N.Laboratory investigations of the pressure dependence of the frost heaving of soil［J］.Soil Mechanics and Foundation Engineering, 2009, 46(1)：31-38.

［3］ KONRAD J, LEMIEUX N.Influence of fines on frost heave characteristics of a well-graded base-course material［J］.Canadian Geotechnical Journal, 2005, 42(2)：515-527.

［4］ LAI Y, ZHANG S, ZHANG L X, et al.Adjusting temperature distribution under the south and north slopes of embankment in permafrost regions by the ripped-rock revetment ［J］.Cold Regions Science and Technology, 2004, 39(1)：67-79.

［5］ YUAN B Y, LIU X G, ZHU X F.Pile horizontal displacement monitor information calibration and prediction for ground freezing and pile-support foundation pit［C］//Proceedings of the 2nd International Conference for Disaster Mitigation and Rehabilitation.Beijing：Science Press, 2008：968-974.

［6］ 冻土地区建筑地基基础设计规范：JGJ 118—2011［S］.北京：中国建筑工业出版社, 2012.

［7］ 唐业清, 李启民, 崔江余.基坑工程事故分析与处理［M］.北京：中国建筑工业出版社, 1999：12-120.

［8］ 陈肖柏.中国土冻融研究进展［J］.冰川冻土, 1988(3)：319-326.

［9］ H. A. 崔托维奇.冻土力学［M］.张美庆, 朱元林, 译.北京：北京科学技术出版社, 1985：112-114.

［10］ BESKOW G.Soil freezing and frost heaving with special application to roads and railroads［J］.Swedish Geol. Survey Yearbook, 1935, 26(3)：375-380.

［11］ TABER S.The growth of crystals under external pressure［J］. American Journal of Science, 1916, 246(37)：532-556.

［12］ TABER S. Frostheaving［J］. The Journal of Geology, 1929, 37(5)：428-461.

［13］ TABER S. The mechanics of frost heaving［J］. Journal of Geology, 1930, 38(4)：303-

317.

[14] EVERETT D H.The thermodynamics of frost damage to porous solids[J].Trans Faraday Soc., 1961(57): 1541-1551.

[15] MILLER R.D.Soil freezing in relation to pore water pressure and temperature[C].Second International Conference of Permafrost, Washington, D.C., 1973.

[16] MILLER R D.Lens initiation in secondary frost heaving[C].PPInt Symp. on frost Action in Soils, Sweden, 1977.

[17] MILLER R D.Freezing and heaving of saturated and unsaturated soils[J].Highway Research Record, 1972, 393: 1-11.

[18] MILLER R D.Frost heaving in non-colloidal soils[C].Third International Conference in Permafrost, Washington, D.C., 1978.

[19] MILLER R D, LOCH J P G, BRESLER E.Transport of water and heat in a frozen permeameter[J].Soil Science Society of American Proceedings, 1975, 39(6): 1029-1036.

[20] HARLAN R L.Analysis of coupled heat-fluid transport in partially frozen soil[J].Water Resource Research, 1973, 9(5): 1314-1323.

[21] O'NEILL K, MILLER R D.Numerical solutions for a rigid-ice model of secondary frost heave[R].CRREL Report, 1982: 82-83.

[22] O'NEILL K, MILLER R D.Exploration of a rigid ice model of frost heave[J].Water Resources Research, 1985, 21(3): 281-296.

[23] KONRAD J M, DUQUENNOI C.A model for water transport and ice lensing in freezing soils[J].Water Resources Research, 1993(29): 3109-3123.

[24] KONRAD J M, MORGENSTERN N R.The segregation potential of a freezing soil[J].Canadian Geotechnical Journal, 1981(18): 482-491.

[25] KOINRAD J M, MORGENSTERN N R.Effects of applied pressure on freezing soils[J].Canadian Geotechnical Journal, 1982(19): 494-505.

[26] KONRAD J M, MORGENSTERN N R.A mechanistic theory of ice lens formation in fine-grained soils[J].Canadian Geotechnical Journal, 1980(17): 473-486.

[27] KONRAD J M.Influence of over consolidation on the freezing characteristics of a clayey silts[J].Canadian Geotechnical Journal, 1989(26): 9-21.

[28] SHEN M, LADANYI B.Modelling of coupled heat moisture and stress field in freezing soil[J].Canadian Geotechnical Journal, 1978, 15(4): 548-555.

[29] HE P, BING H, ZHANG Z.Process of frost heave and characteristics of frozen fringe [J].Journal of Glaciology and Geocryology, 2004(26): 21-25.

[30] 程国栋.冻土力学与工程的国际研究新进展[J].地球科学进展, 2001, 16(3): 293-

299.

[31] 马巍,王大雁.中国冻土力学研究50年回顾与展望[J].岩土工程,2012,34(4):
625-639.

[32] 郑郧,马巍,邴慧.冻融循环对土结构性影响的试验研究及影响机制分析[J].岩土
力学 2015,36(5):1282-1294.

[33] 吴礼舟,许强,黄润秋.非饱和黏土的冻融融沉过程分析[J].岩土力学,2011,32
(4):1025-1028.

[34] 彭丽云,刘建坤,田亚护.粉质黏土的冻胀特性研究[J].水文地质工程地质,2009
(6):62-67.

[35] 徐学祖,张立新,王家澄.土体冻融发育的几种类型[J].冰川冻土,1994,16(4):
301-307.

[36] 徐学祖,邓友生.冻土中水分迁移的实验研究[M].北京:科学出版社,1991:21-
29.

[37] 李萍,徐学祖,蒲毅彬,等.利用图像数字化技术分析冻结缘特征[J].冰川冻土,
1999,21(2):175-180.

[38] 李萍,徐学祖,陈峰峰.冻结缘和冻胀模型的研究现状与进展[J].冰川冻土,
2000,22(1):90-95.

[39] 陈肇元,崔京浩.土钉支护在基坑工程中的应用[M].2版.北京:中国建筑工业出
版社,2000:22-25.

[40] 胡坤.不同约束条件下土体冻融规律[J].煤炭学报,2011,36(10):1653-1658.

[41] 曹宏章,刘石.饱和颗粒正冻土一维刚性冰模型的数值模拟[J].冰川冻土,2007,
29(1):32-38.

[42] 裴捷,梁志荣,王卫东.润扬长江公路大桥南汊悬索桥南锚碇基础基坑围护设计
[J].岩土工程,2006(28):1541-1545.

[43] KINGSBURY D W, SANDFORD T G, HUMPHREY D N.Soil nail forces caused by
frost[J].Soil Mechanics(Transportation Research Record)2002,1808(1):38-46.

[44] GUILLOUX A, NOTTE G,GONIN H.Experiences on a retaining structure by nailing in
moraine soils[C].Proceeding's 8th European Conference on Soil Mechanics and Foun-
dation Engineering, Helsinki, 1983:499-502.

[45] 张智浩,马凜,韩晓猛,等.季节性冻土区深基坑桩锚支护结构冻融变形控制研究
[J].岩土工程学报,2012,11(34):65-71.

[46] STOCKER M F, RIEDINGER G.The bearing behavior of nailed retaining structures
[C].Design and Performance of Earth Retaining Structures:Proceedings of a Confer-
ence Sponsored by the Geot echnical Engineering Division of the American Society of
Civil Engineers, New York, 1990:612-628.

［47］ NIXON J F. Discrete ice lens theory for frost heave in soils[J]. Canadian Geotechnical Journal, 1991(28): 843-859.

［48］ TAKAGI S.The adsorption force theory of frost heaving[J].Cold Regions Science and Technology, 1980(3): 57-81.

［49］ SELVADURAI A P S, HU J, KONUK I.Computational modeling of frost heave induced soil-pipeline interaction modeling of frost heave[J].Cold Regions Science and Technology, 1999(29): 215-228.

［50］ 胡坤.冻土水热耦合分离冰冻融模型的发展[D].徐州：中国矿业大学, 2011.

［51］ 王家澄, 徐学祖, 张立新, 等.土类对正冻土成冰及冷生组构影响的实验研究[J].冰川冻土, 1995, 17(1): 16-22.

［52］ 张琦.人工冻土分凝冰演化规律试验研究[D].徐州：中国矿业大学, 2005.

［53］ 李晓俊.不同约束条件下细粒土一维冻融力试验研究[D].徐州：中国矿业大学, 2010.

［54］ Tpynak.冻结凿井法[M].北京矿业学院井巷工程教研组, 译.北京:北京矿业学院出版社, 1958: 553-980.

［55］ 崔广心, 杨维好.冻结管受力的模拟试验研究[J].中国矿业大学学报, 1990, 17(2): 37-47.

［56］ 崔广心.深土冻土力学：冻土力学发展的新领域[J].冰川冻土, 1998, 20(2): 97-100.

［57］ 程国栋.冻土力学与工程的国际研究新进展：2000年国际地层冻结和土冻结作用会议综述[J].地球科学进展, 2001(3): 293-299.

［58］ 程国栋, 周幼吾.中国冻土学的现状和展望[J].冰川冻土, 1988, 10(3): 221-227.

［59］ 李韧, 赵林, 丁永建, 等.青藏高原季节冻土的气候学特征[J].冰川冻土, 2009, 31(6): 1050-1056.

［60］ 张伟, 王根绪, 周剑, 等.基于CoupModel的青藏高原多年冻土区土壤水热过程模拟[J].冰川冻土, 2012, 34(5): 1099-1109.

［61］ 赵林, 李韧, 丁永建.唐古拉地区活动层土壤水热特征的模拟研究[J].冰川冻土, 2008, 30(6): 930-937.

［62］ 丁靖康, 娄安全.水平冻胀力的现场测定方法[J].冰川冻土, 1980(51): 33-36.

［63］ 姚直书.特深基坑排桩冻土墙围护结构的冻融力模型试验研究[J].岩石力学与工程学报, 2007, 26(2): 415-420.

［64］ 齐吉琳, 马巍.冻土的力学性质及研究现状[J].岩土力学, 2010, 31(1): 133-143.

［65］ 齐吉琳, 党博翔, 徐国方, 等.冻土强度研究的现状分析[J].北京建筑大学学报, 2016, 32(3): 89-95.

［66］ 孙超, 邵艳红.负温对基坑悬臂桩水平冻胀力影响的模拟研究[J].冰川冻土,

2016, 38(4): 1136-1141.

[67] 张立新, 徐学祖. 冻土未冻水含量与压力关系的实验研究[J]. 冰川冻土, 1998, 20
(2): 124-127.

[68] 朱彦鹏. 深基坑支护桩与土相互作用的研究[J]. 岩土力学, 2010, 31(9): 2840-
2844.

[69] 朱彦鹏, 张安疆, 王秀丽. M 法求解桩身内力与变形的幂级数解[J]. 1997, 23(3):
77-82.

[70] 朱彦鹏, 王秀丽, 于劲, 等. 悬臂式支护桩内力的试验研究[J]. 岩土工程学报,
1999, 21(2): 236-239.

[71] 建筑基坑支护技术规范: JGJ 120—2012[S]. 北京: 中国建筑工业出版社, 2012.

[72] 建筑桩基技术规范: JGJ94—2008[S]. 北京: 中国建筑工业出版社, 2008.

[73] ZHU Y P, WANG X. L. Anti-slide design of foundations for buildings on loess slope
[C]. Advances in Mechanics of Structures and Materials, 2002: 50-55.

[74] 邓子胜, 邹银生, 王贻荪. 考虑位移非线性影响的深基坑土压力计算模型研究[J].
工程力学, 2004, 21(1): 107-111.

[75] LIANG B, WANG J D, YAN S. Experiment and analysis of the(frost heaving forces)on
L-type retaining wall in permafrost regions[J] Journal of Glaciology and Geocryology,
2002, 24(5): 628-633.

[76] SCHMITT P. Estimating the coefficient of subgrade reaction for diaphragm wall and she-
etpile wall design[J]. Revue Fransaise de Geotechnique, 1995(71):3-10.

[77] 森重龙马, 高桥光昭, 志村直. 各基础形式共同作用法基本的设计法[C]. 土木学
会第 25 回年次讲演集, 1970: 11.

[78] MONACO P, MARCHETTI. Evaluation of the coefficient of subgrade reaction for design
of multi-propped diaphragm walls from DMT moduli[M]. Rotterdam: Mill Press, 2004:
993-1002.

[79] 龚晓南. 深基坑工程设计施工手册[M]. 北京: 中国建设工业出版社, 1998.

[80] 秦四清. 基坑支护设计的弹性抗力法[J]. 工程地质学报, 2000(4): 481-487.

[81] 秦四清, 万林海. 深基坑工程优化设计[M]. 北京: 地震出版社, 1998.

[82] 魏升华. 排桩预应力错杆与主体相互作用的研究[D]. 兰州: 兰州理工大学, 2009.

[83] 朱彦鹏, 李元勋. 混合法在深基坑排桩锚杆支护计算中的应用研究[J]. 岩土力学,
2013, 34(5): 1416-1420.

[84] 杨斌, 胡立强. 挡土结构侧土压力与水平位移关系的试验研究[J]. 建筑科学,
2000, 16(2): 14-20.

[85] 梅国雄, 宰金珉. 考虑变形的朗肯土压力模型[J]. 岩石力学与工程学报, 2001, 20
(6): 851-854.

［86］ VIKLANDER P.Permeability and volume changes in till due to cyclic freeze/thaw［J］. Canadian Geotechnical Journal, 1998, 35(3): 471-477.

［87］ ALKIRE B D, MORRISON J M.Change in soil structure due to freeze-thaw and repeated loading［J］.Transportation Research Record, 1983, 9(18): 15-21.

［88］ GRAHAM J.Effects of freeze-thaw and softening on a natural clay at low stresses［J］. Canadian Geotechnical Journal, 1985, 22(1): 69-78.

［89］ BROMSB B, YAO L Y C.Shear strength of a soil after freezing and thawing［J］.ASCE Journal of the Soil Mechanics and Foundations Division, 1964, 90(4): 1-26.

［90］ SUN W, ZHANG Y M, YAN H D.Damage and damage resistance of high strength concrete under the action of load and freeze-thaw cycles［J］.Cement and Concrete Research, 1999(29): 1519-1523.

［91］ JACOBSEN S, GRANL H C, SELLEVOLD E J.High strength concrete-freeze/thaw testing and cracking［J］.Cement and Concrete Research, 1995(8): 1775-1780.

［92］ TARNAWSKI V R, WAGNER B.On the prediction of hydraulic conductivity of frozen soils［J］.Canadian Geotechnical Journal, 1996(31): 176-180.

［93］ FUKUDA M, NAKAGAWA S.Numerical analysis of frost heaving based upon the coupled heat and water flow model［J］.Low Temperature Science, Series A(Physical Sciences), 1986(45): 83-97.

［94］ 杨光霞.深基坑土参数试验方法分析［J］华北水利水电学院学报, 1999, 20(4): 42-43.

［95］ ZHANG Y, SONG X F, GONG D W.A return-cost-based binary firefly algorithm for feature selection［J］.Information Sciences, 2017, 418: 561-574.

［96］ ZHANG Y, GONG D W, SUN X Y.Adaptive bare-bones particle swarm optimization algorithm and its convergence analysis［J］.Soft Computing, 2014(18): 1337-1352.

［97］ ZHANG Y, CHENG S, SHI Y H, et al.Cost-sensitive feature selection using two-archive multi-objective artificial bee colony algorithm［J］.Expert Systems with Applications, 2019(37): 46-58.

［98］ GEM Z W, YANG X S, TSENG C L.Harmony search and nature-inspired algorithms for engineering optimization［J］.Journal of Applied Mathematics, 2013,181: 2.

［99］ RASHED E., NEZAM A H, SARADA S.GSA: a gravitational search algorithm［J］.Information Sciences, 2010(213): 267-289.

［100］ GAO K, CAO Z, ZHANG L, et al.A review on swarm intelligence and evolutionary algorithms for solving flexible job shop scheduling problems［J］.IEEE/CAA Journal of Automatic Sinical, 2019, 6(4): 904-916.

［101］ YUAN H, BI J, ZHOU M.Spatiotemporal Task Scheduling for Heterogeneous Delay-

Tolerant Applications in Distributed Green Data Centers[J].IEEE Transactions on Automation Science and Engineering, 2019, 16(4): 1686-1697.

[102] DENG W, XU J, SONG Y, et al.An effective improved co-evolution ant colony optimization algorithm multi strategies and its application[J].International Journal of Bio-Inspired Computation, 2020, 16(3): 1-10.

[103] 王衍森, 杨维好, 任彦龙.冻结法凿井冻结温度场的数值反演与模拟[J].中国矿业大学学报, 2005, 34(5): 626-629.

[104] 塔拉, 姜谙男, 王军祥, 等.基于差异进化算法的岩土力学参数智能反分析[J].大连海事大学学报, 2014, 40(3): 131-135.

[105] 田明俊, 周晶.岩土工程参数反演的一种新方法[J].岩石力学与工程学报, 2005, 24(9): 1492-1496.

[106] 贾善坡.基于遗传算法的岩土力学参数反演及其 ABAQUS 中的实现[J].水文地质工程地质, 2012, 39(1): 31-35.

[107] 赵迪, 张宗亮, 陈建生.粒子群算法和 ADINA 在土石坝参数反演中的联合应用[J].水利水电科技进展, 2012, 32(3): 43-47.

[108] SONG S Y, WANG Q, CHEN J P.Fuzzy C-means clustering analysis based on quantum particle swarm optimization algorithm for the grouping of rock discontinuity sets[J].Journal of Civil Engineering, 2017, 21(4): 1115-1122.

[109] YUAN H, BI J, ZHOU M.Multi queue scheduling of heterogeneous tasks with bounded response time in hybrid green IaaS clouds[J].IEEE Transactions on Industrial Informatics, 2019, 15(10): 5404-5412.

[110] FAROOQ M.Genetic algorithm technique in hybrid intelligent systems for pattern recognition[J].International Journal of Innovative Research in Science, 2015(4): 1891-1898.

[111] GOLDBERG D.Genetic algorithms in search, optimization and machine learning[M]. New York: Addison-Wesley Pub.Co., 1989.

[112] LIU P C, YE M C.Novel bioinspired swarm intelligence optimization algorithm: firefly [J].algorithm, Application Research of Computers, 2011(28): 3295-3297.

[113] JAGATHEESAN K, ANAND B, SAMANTA S, et al.Design of a proportional-integral-derivative controller for an automatic generation control of multi-area power thermal systems using firefly algorithm[J].IEEE/CAA Journal of Automatica Sinica, 2019, 6 (2): 503-515.

[114] YANG X S.A new metaheuristic bat-inspired algorithm[M]//GONZALEZ J R.Nature inspired cooperative strategies for Optimization.Berlin: Springer, 2010: 65-74.

[115] YANG X S.Chaos-enhanced firefly algorithm with automatic parameter[J].Internation-

al Journal.Swarm Intelligence Research, 2011, 2(4): 1-11.

[116] YANG X S.Swam-based metaheuristic algorithms and no-free-lunch theorems[J].Theory and New Applications of Swarm Intelligence, 2012(3): 1-16.

[117] YANG X S.Firefly algorithms for multimodal optimization[C].Proc.5th Symposium on Stochastic Algorithms, Foundations and Applications, 2009, 5792: 169-178.

[118] YOUSIF A, ABDULLAH A H.Scheduling jobs on grid computing using firefly algorithm[J].J.Theoretical and Applied Information Technology, 2011, 33(2): 155-164.

[119] YANG X S.Firefly algorithm stochastic test functions and design optimization[J].International Journal of Bio-Inspired Computation, 2010(2): 78-84.

[120] HORNG M H.Vector quantization using the firefly algorithm for image compression[J].Expert Systems with Applications, 2012(39): 1078-1091.

[121] YANG X S, He X.Firefly algorithms: recent advances and applications, International Journal of Swarm Intelligence, 2013(1): 36-50.

[122] 崔广心.冻结法凿井的模拟试验原理[J].中国矿业大学学报, 1989, 18(1): 59-68.

[123] BROUCHKOV A.Experimental study of influence of mechanical properties of soil on frost heaving forces[J].Journal of Glaciology and Geocryology, 2004, 26(1): 26-34.

[124] OKADA K.Actual states and analysis of frost penetration depth in lining and Earth of cold region tunnel[J].Quarterly Report of Railway Technical Research Institute(Japan), 1992, 33(2): 129-133.

[125] CHEN S L, KE M T, SUN P S, et al.Analysis of cool storage for air conditioning[J].International Journal of Energy Research, 1992, 16(6): 553-563.

[126] TAYLOR G S, LUTHIN J N.A model for coupled heat and moisture transfer during soil freezing[J].Canadian Geotech. J., 1978, 15(4): 548-555.

[127] FUKUDA M.Heat flow measurements in freeing soils with various freezing front advancing rates[C].Proceedings of the 14th Canadian Permafrost Conference, 1982.

[128] FUKUDA M, NAKAGAWA S.Numerical analysis of frost heaving based upon the coupled heat and water flow model[J].Low Temperature Science, Series A(Physical Sciences), 1986(45): 83-97.

[129] 温智, 马巍.青藏高原北麓河地区原状多年冻土导热系数的试验研究[J].冰川冻土, 2005, 27(2): 182-186.

[130] SAKURAIS, ABE S.A design approach to dimensioning underground openings[C].Proc.3rd Int Conf.Numerical Methods in Geomechanics Aachen, 1979: 649-661.

[131] 曾宪明, 林润德.土钉支护软土边坡机理相似模型试验研究[J].岩石力学与工程学报, 2000, 19(4): 534-538.

[132] 范秋燕，陈波，沈冰.考虑施工过程的基坑锚杆支护模型试验研究[J].岩土力学，2005，26(12)：1874-1878.

[133] 朱维中，任伟中.船闸边坡节理岩土锚固效应的模型试验研究[J].岩石力学与工程学报，2001，20(5)：720-725.

[134] GUO L, LI T, NIU Z.Finite element simulation of the coupled heat-fluid transfer problem with phase change in frozen soil[C].Earth and Space 2012：Engineering, Science, Construction and Operations in Challenging Environments, ASCE, 2012：867-877.

[135] NEAUPANE K M, YAMABE T, YOSHINAKA R.Simulation of a fully coupled thermo-hydro-mechanical system in freezing and thawing rock[J].International Journal of Rock Mechanics and Mining Sciences, 1999, 36(5)：563-580.

[136] WU M, HUANG J, WU J, et al.Experimental study on evaporationFrom seasonally frozen soils under various water, solute and groundwater conditions in Inner Mongolia, China[J].Journal of Hydrology, 2016, 535：46-53.

[137] 杨俊杰.相似理论与结构模型试验[M].武汉：武汉理工大学出版社，2005：172-173.

[138] 崔广心.相似理论与模型试验[M].北京：中国矿业大学出版社，1990：146-150.

[139] 朱林楠，李东庆.无外荷载作用下冻土模型试验的相似分析[J].冰川冻土，1993，15(1)：166-169.

[140] 辛立民，沈志平.冻土墙围护深软基坑的模型试验研究[J].建井技术，2001，22(5)：29-31.

[141] 吴紫汪，马巍，张长庆，等.人工冻结壁变形的模型试验研究[J].冰川冻土，1993，15(1)：121-124.

[142] 金永军，杨维好.直线形冻土墙动态温度场的试验研究[J].辽宁工程技术大学学报(自然科学版)，2002，21(6)：730-733.

[143] 陈湘生.地层冻结工法理论研究与实践[M].北京：煤炭工业出版社，2007：103-120.

[144] 木下诚一.冻土物理学[M].王志权，译.长春：吉林科学技术出版社，1995：10-20.

[145] ZHAO J, WANG H, LI X, et al.Experimental investigation and theoretical model of heat transfer of saturated soil around coaxial ground coupled heat exchanger[J].Applied Thermal Engineering, 2008, 28(2/3)：116-125.

[146] 张辰熙.季节冻土环境中人工冻土墙试验研究[D].哈尔滨：哈尔滨工业大学，2018：38-43.

[147] 王文顺，王建平，井绪文，等.人工冻结过程中温度场的试验研究[J].中国矿业大学学报，2004，33(4)：388-391.

［148］ TABER S.Frost heaving［J］.The Journal of Geology，1929，37（5）：428-461.

［149］ 吉植强，徐学燕.季节冻土地区人工冻土墙的冻结特性研究［J］.岩土力学，2019，30（4）：971-975.

［150］ 徐学燕，吉植强，张晨熙.模拟季节冻土层影响的冻土墙模型试验［J］.岩土力学，2020，31（6）：1705-1708.

［151］ 郭帅.城市排水系统地下水入渗及土壤侵蚀问题研究［D］.杭州：浙江大学，2012.

［152］ 张土乔，李洵，吴小刚.地基差异沉降时管道的纵向力学性状分析［J］.中国农村水利水电，2003，12（7）：46-48.

［153］ MAKAR J M.A preliminary analysis of failures in grey cast iron water pipes［J］.Engineering Failure Analysis，2000，7（1）：43-53.

［154］ Adapting the most effective strategies for water efficiency and leakage management［C］.The 3rd Annual Leakage Summit for International Water Utilities，London.

［155］ 刘锁祥，赵顺萍，曹楠，等.供水管网漏损控制研究和实践［J］.中国给水排水，2015，43（10）：22-25.

［156］ 郭帅，刘国华，张土乔.破损排污管道管周土体侵蚀及事例分析［J］.中国给水排水，2013，43（1）：501-504.

［157］ 张土乔，朱志伟.地下水渗入排污管道的定量方法［J］.中国给水排水，2013，29（4）：21-25.

［158］ 刘国彬，王卫东.基坑工程手册［M］.北京：中国建筑工业出版社，2009.

［159］ 王明珉.支护桩桩间临空土体破坏机理与稳定性分析方法［D］.重庆：重庆大学，2015.

［160］ 李兴高，王霆.管线渗漏诱发地铁工程事故的安全控制技术研究［J］.中国安全科学学报，2010，20（5）：127-132.

［161］ 倪才胜.基坑开挖渗流研究及其工程应用［D］.武汉：中国科学院研究生院（武汉岩土力学研究所），2008.

［162］ SHIMADA K，FUKII H，NISHIMURA S，et al.Stability analysis of unsaturated slopes considering changes of matric suction［C］.International Conference on Unsaturated Soils，Paris，1995.

［163］ 吴俊杰，王成华，李广信.非饱和土基质吸力对边坡稳定的影响［J］.岩土力学，2004，25（5）：732-736，744.

［164］ KUWANO R，HIORII T，KOHASHI H et al.Defects of sewer pipes causing caverns in the road［C］.5th International Symposium on New Technologies for Urban Safety of Mega Cities in Asia（USMCA），Phuket，2006.

［165］ 李广信，张丙印，于玉贞.土力学［M］.2 版.北京：清华大学出版社，2013.

［166］ 李广信，周晓杰.土的渗透破坏及其工程问题［J］.工程勘察，2004（5）：10-13，

52.

[167] CUI X L, TAO G L, LI J.Experiment and numerical simulation on seepage failure of sand caused by leakage of underground water pipe[C].Iop Conference, 2018: 032033.

[168] 《工程地质手册》编委会.工程地质手册[M].5 版.北京:中国建筑工业出版社, 2017.

[169] 水利水电工程地质勘察规范:GB 50487—2008[S].北京:中国计划出版社, 2009.

[170] 徐有缘.管涌的试验研究与有限元模拟[D].上海:同济大学, 2007.

[171] 张刚.管涌现象细观机理的模型试验与颗粒流数值模拟研究[D].上海:同济大学, 2007.

[172] TERZAGHI K.Theoretical soil mechanics[M].New York:Wiley, 1943.

[173] 毛昶熙.管涌与滤层的研究:管涌部分[J].岩土力学, 2005, 26(2):209-215.

[174] SKEMPTON A W, BROGAN J M.Experiments on piping in sandy gravels[J]. Géotechnique, 1994, 44(3):449-460.

[175] PILARCZYK K W.Dikes and revetments[J].Journal of Hydraulic Engineering, 1998, 126(4):317.

[176] BUSCH K F, LUCKNER L, TIEMER K, et al.Geohydraulik f[M].Berlin:Springer, 1972.

[177] RICHARDS K S, REDDY K R.Critical appraisal of piping phenomena in earth dams [J].Bulletin of Engineering Eeology and the Environment, 2007, 66(4):381-402.

[178] TERZAGHI K.Soil mechanics:a new chapter in engineering science[J].Institution of Civil Engineers, 1939, 12(1039):106-141.

[179] SHERARD J L, WOODWARD R J, GIZIENSKI S F, et al.Earth and earth-rock dams:engineering problems of design and construction[M].New York:Wiley, 1963: 114-130.

[180] ANDERS W, RAGNHEIDUR O.Erosion in a granular medium interface[J].Journal of Hydraulic Research, 1992, 30(5):639-655.

[181] FRANCO G E, BAGTZOGLOU A C.An elastic contact mechanics fracture flow model [C].Proceedings of 15th ASCE Engineering Mechanics Conference, New York, 2002:1-7.

[182] JONES J A A.The nature of soil piping:a review of research[Z]., 1981.

[183] MCCOOK D K.A comprehensive discussion of piping and internal erosion failure mechanisms[C].Annual Dam Safety Conference, ASDSO,Phoenix, 2004.

[184] TERZAGHI K.Der grundbruch an stauwerken und seine verhutung:the failure of dams by piping and its prevention[J].Die Wasserkraft, 1922(17):445-449.

[185] FOSTER M, FELL R.A framework for estimating the probability of failure of embankment dams by internal erosion and piping using event tree methods[R].UNICIV Report No.R-377, Sydney, 1999.

[186] FELL R, FRY J J.The state of the art of assessing the likelihood of internal erosion of embankment dams, water retaining structures and their foundations[M].London: Taylor & Francis, 2007: 1-23.

[187] CROSTA G, PRISCO D C.On slope instability induced by seepage erosion[J].Canadian Geotechnical Journal, 1999, 36(6): 1056-1073.

[188] ALSAYDALANI M.Internal fluidisation of granular material[D].Southampton: School of Civil Engineering and the Environment, University of Southampton, 2010.

[189] 李喜安, 黄润秋, 彭建兵, 等.关于物理潜蚀作用及其概念模型的讨论[J].工程地质学报, 2010, 18(6): 880-886.

[190] 杨迎晓.钱塘江冲海积粉土工程特性试验研究[D].杭州: 浙江大学, 2011.

[191] VAN ZYL D, HARR M E.Seepage erosion analyses of structures[C].Proc. 10th International Conference on Soil Mechanics and Foundation Engineering, Stockholm, 1981: 503-509.

[192] BLIGH W G.Dams barrages and weirs on porous foundations[J].Engineering News, 1910, 64(6): 708-710.

[193] LANE E W.Security from under seepage: masonry dams on earth foundations[J].Trans ASCE, 1935(100): 1235-1272.

[194] MEYER W, SCHUSTER R L, SABOL M A.Potential for seepage erosion of landslide dam[J].Journal of Geotechnical Engineering, 1994, 120(7): 1211-1229.

[195] SELLMEIJER J B, KOENDERS M A.A mathematical model for piping[J].Applied Mathematical Modelling, 1991, 15(11/12): 646-651.

[196] KOENDERS M A, SELLMEIJER J B.Mathematical model for piping[J].Journal of Geotechnical Engineering, 1992, 118(6): 943-946.

[197] OJHA C, SINGH V P, ADRIAN D D.Determination of critical head in soil piping[J].Journal of Hydraulic Engineering-ASCE, 2003, 129(7): 511-518.

[198] 吴良骥.无黏性土管涌临界坡降的计算[J].水利水运科学研究, 1980(4): 93-98.

[199] 刘杰.土的渗透稳定与渗流控制[M].北京: 中国水利水电出版社, 1992.

[200] 沙金煊.多孔介质中的管涌研究[J].水利水运科学研究, 1981(3): 92-96.

[201] 刘忠玉.无黏性土中管涌的机理研究[D].兰州: 兰州大学, 2001.

[202] GYÖRGY K.Seepage Hydraulics[J].Amstrdam: Elsevier Science, 1981.

[203] WAN C F, FELL R.Assessing the potential of internal instability and suffusion in embankment dams and their foundations[J].Journal of Geotechnical and Geoenvironmen-

tal Engineering, 2008, 134(3): 401-407.

[204] ISTOMINA V S.Filtration stability of soils[J].Moscow: Gostroizdat, 1957.

[205] WAN C F, FELL R.Investigation of rate of erosion of soils in embankment dams[J]. Journal of Geotechnical & Geoenvironmental Engineering, 2004, 130(4): 373-380.

[206] ROENNQVIST H F.Long-term behaviour of internal erosion afflicted dams comprising broadly graded soils[J].Dam Engineering, 2009, 20(2): 149-197.

[207] CHANG D S, ZHANG L M.Extended internal stability criteria for soils under seepage [J].Soils and Foundations, 2013, 53(4): 569-583.

[208] KEZDI A.Increase of protective capacity of flood control dikes[D].Budapest: Technical University, 1969.

[209] SHERARD J L.Sinkholes in dams of coarse broadly graded soils[C].Proc. 13th Congr. Large Dams, New Delhi, 1979: 25-35.

[210] FANNIN R J, MOFFAT R.Observations on internal stability of cohesionless soils[J]. Géotechnique, 2006, 56(7): 497-500.

[211] KENNEY T C, LAU D.Internal stability of granular filters[J].Canadian Geotechnical Journal, 1985, 22(2): 420-423.

[212] MILLIGAN V.Internal stability of granular filters: discussion[J].Canadian Geotechnical Journal, 1986, 23(3): 414-418.

[213] RIPLEY C F.Internal stability of granular filters: discussion[J].Canadian Geotechnical Journal, 2011, 23(2): 255-258.

[214] SHERARD J L, DUNNIGAN L P.Internal stability of granular filters: discussion[J]. Canadian Geotechnical Journal, 1986, 23(3): 418-420.

[215] FANNIN R J, LI M.Comparison of two criteria for internal stability of granular soil[J]. Canadian Geotechnical Journal, 2008, 45(9): 1303-1309.

[216] BURENKOVA V V.Assessment of suffusion in non-cohesive and graded soils[C].Filters in Geotechnical and Hydraulic Engineering, Balkema, Rotterdam, 1993: 357-360.

[217] 刘杰.土的渗透变形特性和控制[J].人民黄河, 1984(5): 26-30, 67.

[218] ZHANG L, MING P, CHANG D, et al.Internal erosion in dams and their foundations [M].Singapore: John Wiley & Sons Singapore Pte.Ltd.2016.

[219] 鲍国栋.城市地下排水管道渗漏模拟及不锈钢套管修复技术研究[D].北京: 清华大学, 2014.

[220] 邵卫云.工程流体力学[M].北京: 中国建筑工业出版社, 2015.

[221] 曹睿, 刘艳升, 严超宇, 等.垂直锐边孔口的自由流特性: I 流动状态和孔结构参数对孔流系数的影响[J].化工学报, 2008, 59(9): 2175-2180.

［222］ FINNEMORE E, FRNAZINI J.Fluid mechanics with engineering applications［M］. New York：McGraw-Hill, 2001.

［223］ IDELCHIK I E.Handbook of Hydraulic Resistance［M］.3rd.New York：Begell House, 1994.

［224］ NIVEN R K, KHALILI N.In situ fluidization by a single internal vertical jet［J］.Journal of Hydraulic Research, 1998, 36(2)：199-228.

［225］ FRANCHINI M, LANZA L.Leakages in pipes：generalizing Torricelli's equation to deal with different elastic materials, diameters and orifice shape and dimensions［J］. Urban Water Journal, 2014, 11(7/8)：678-695.

［226］ THOMAS WALSKI, BRIAN W, BARON, et al.Pressure vs.flow relationship for pipe leaks［C］.World Environmental & Water Resources Congress,2009.

［227］ Lambert A.What do we know about pressure leakage relationships in distribution systems［C］.Proc. IWA Specialised Conference：System Approach to Leakage Control and Water Distribution Systems Management, Brno, 2001：89-96.

［228］ VAN ZYL J E, CLAYTON C R I.The effect of pressure on leakage in water distribution systems［J］.Proceedings of the Institution of Civil Engineers-Water Management, 2007, 160(2)：109-114.

［229］ GREYVENSTEIN B, VAN ZYL J E.An experimental investigation into the pressure-leakage relationship of some failed water pipes［J］.Journal of Water Supply(Research and Technology-AQUA), 2007, 56(2)：117-124.

［230］ FERRANTE M.Experimental investigation of the effects of pipe material on the leak head-discharge relationship［J］.Journal of Hydraulic Engineering, 2012, 138(8)：736-743.

［231］ NOACK C, ULANICKI B.Modelling of soil diffusibility on leakage characteristics of buried pipes［C］.Eighth Water Distribution Systems Analysis Symposium,2014.

［232］ 杨艳.给水管网的污染物入侵流量模型研究［D］.杭州：浙江大学, 2015.

［233］ GUO SHUAI, ZHANG T, SHAO W, et al.Two-dimensional pipe leakage through a line crack in water distribution systems［J］.Journal of Zhejiang University(Science A), 2013, 14(5)：371-376.

［234］ 何勇兴.地下管道漏损对周围土体侵蚀影响研究［D］.杭州：浙江大学, 2017.

［235］ MUKUNOKI T, KUMANO N, OTANI J.Image analysis of soil failure on defective underground pipe due to cyclic water supply and drainage using X-ray CT［J］.Frontiers of Structural and Civil Engineering, 2012, 6(2)：85-100.

［236］ ZHENG, T.Nonlinear finite element study of deteriorated rigid sewers including the influence of erosion voids［D］.Kingston：Queen's University, 2007.

［237］ MEGUID M A, KAMEL S.A three-dimensional analysis of the effects of erosion voids on rigid pipes［J］.Tunnelling and Underground Space Technology, 2014, 43(7): 276-289.

［238］ BALKAYA M, MOORE I, SAGLAMER A.Study of nonuniform bedding support because of erosion under cast iron water distribution pipes［J］.Journal of Geotechnical and Geoenvironmental Engineering, 2011, 138(10): 1247-1256.

［239］ SERPENTE P E.Uderstanding the modes of failture for sewer［C］//MACAITIS W A. Urban drainage rehabilitation programs and technique selected papers on urban drainage rehabilitation from 1988-1993, New York: ASCE, 1994.

［240］ DAVIES J P, CLARKE B A, WHITER J T, et al.Factors influencing the structural deterioration and collapse of rigid sewer pipes［J］.Urban Water, 2001, 3(1/2): 73-89.

［241］ ROGRS C J.Sewer deterioration studies the background to the structural assessment procedure in the sewer rehabilitation manual［C］.2th.Wrc Report ER 199E,1986.

［242］ JONES G M A.The structural deterioration of sews［C］.International Conference on the Planning, Construction, Maintenance and Operation of Sewer Systems, Reading, 1984.

［243］ FENNER R A.The influence of sewer bedding arrangements on infiltration rates and soil migration［J］.Municipal Engineer, 1991(8): 105-117.

［244］ KUWANO R, KOHATA Y, SATO M.A case study of ground cave-in due to large scale subsurface erosion in old land fill［C］.6th International Conference on Scour and Erosion, Paris, 2012: 265-271.

［245］ 张冬梅, 杜伟伟, 高程鹏.间断级配砂土中管线破损引起的渗流侵蚀模型试验［J］.岩土工程学报, 2018, 40(11): 2129-2135.

［246］ ROGERS C D F, CHAPMAN D N, ROYAL A C D.Experimental investigation of the effects of soil properties on leakage: final report［R］.University of Birmingham, 2008.

［247］ MICHALOWSKI R, ZHU M.Frost heave modelling using porosity rate function［J］.International Journal for Numerical and Analytical Methods in Geomechanics, 2016, 30(8): 703-722.

［248］ MICHALOWSKI R, ZHU M.Modelling of freezing in frost-susceptible soils［J］.Computer Assisted Mechanics and Engineering Sciences, 2016, 13(4): 613-625.